大学数学 基礎力養成

微分の問題集

丸井洋子 著

東京電機大学出版局

はじめに

　本書は「一変数の微分」を扱った問題集です。大学の数学の講義は進度が速く，限られた時間内で多くの内容を消化することは困難であり，その場で理解した気になってもあとで問題を解こうとするとたちまちつまずくということになりがちです。「理解」しただけで安心せず，知識を「定着」させなければ本物の学力が身につきません。学力を向上させるためには反復練習を継続して行うことが大切です。

　著者は学生時代に「数学の学習で最も大切なことは繰り返すことである。同じ問題を少なくとも２回は解かねばならない」という格言を目にしました。これは年月を経た今でも心に残っており，ますます言葉の重みをかみしめています。

　本書は姉妹本『大学数学　基礎力養成　微分の教科書』に準拠して書かれた問題集で，教科書の流れに沿って問題が並んでいます。ただグラフに関しては『教科書』よりも分量・種類ともに豊富にそろえました。解答を導く過程で計算して得られた値が，グラフの概形と適合しているか確認できるように配慮した点が本書の最大の特色です。関数の式が類似している問題についてはそれらのグラフを比較して，増減表の書き方の共通点を見つける一方で，極値がどのように異なってくるのかを体得して頂きたいです。

　各問題には難易度を★，★★，★★★で示し，また解いた日付を記入する欄を設けましたので，必ず「２回」は解いて，基礎学力と継続する精神力を養ってください。

　本書の執筆にあたり，美しいグラフを描いてくださった三立工芸の方々，編集・校正で今回もお世話になった吉田拓歩氏には心から感謝申し上げます。

2017年10月　　　　　　　　　　　　　　　　　丸井　洋子

目　次

$$\lim_{n\to\infty}\left(1+\frac{1}{n}\right)^n = e$$

1 関数の極限値 ★

次の極限値を求めよ。

1 $\displaystyle \lim_{x \to 2}\left(3x^2 - x - 3\right)$

2 $\displaystyle \lim_{x \to -1}\left(3x^2 + 4x\right)$

3 $\displaystyle \lim_{x \to 0}\left(\sin^2 x - 5^x\right)$

4 $\displaystyle \lim_{x \to -2}\frac{-x+1}{x^2+x}$

2 関数の極限値 ★

次の極限値を求めよ。

1 $\displaystyle \lim_{x \to 0}\frac{x^3 + 3x}{5x}$

2 $\displaystyle \lim_{x \to 0}\frac{1 - \left(1+x\right)^2}{x}$

3 $\displaystyle \lim_{x \to 3}\frac{x^2 - 9}{x - 3}$

4 $\displaystyle \lim_{x \to 2}\frac{x^2 - 3x + 2}{x - 2}$

5 $\displaystyle \lim_{x \to 4}\frac{x^2 - x - 12}{x - 4}$

3 関数の極限値 ★

1回目	2回目
/	/

次の極限値を求めよ。

1 $\displaystyle \lim_{x \to -1} \frac{2x^2 + 5x + 3}{x + 1}$

2 $\displaystyle \lim_{x \to 2} \frac{x^2 - 5x + 6}{x^2 - 4}$

3 $\displaystyle \lim_{x \to 3} \frac{x^3 - 27}{x - 3}$

4 $\displaystyle \lim_{x \to 1} \frac{\sqrt{1 + x} - \sqrt{2}}{x - 1}$

4 関数の極限値 ★

1回目	2回目
/	/

次の極限値を求めよ。

1 $\displaystyle \lim_{x \to \infty} \frac{x - 2}{2x + 1}$

2 $\displaystyle \lim_{x \to \infty} \frac{x - 1}{x + 3}$

3 $\displaystyle \lim_{x \to -\infty} \frac{2x^2 - x + 3}{x^2 - 2x - 4}$

4 $\displaystyle \lim_{x \to -\infty} \frac{x^3 + 2}{2x^3 + 5x}$

5 $\displaystyle \lim_{x \to \infty} \frac{(3x + 1)(x - 1)}{x^3 + x - 4}$

| | 1回目 | 2回目 |

5 関数の極限値 ★★

次の極限値を求めよ。

① $\displaystyle\lim_{x\to\infty}\left(x^3-4x^2+1\right)$

② $\displaystyle\lim_{x\to\infty}\left(x^3-5x^2+3\right)$

③ $\displaystyle\lim_{x\to-\infty}\left(-4x^3+5x^2+3x+1\right)$

④ $\displaystyle\lim_{x\to-\infty}\left(-2x^3+4x^2+3x-5\right)$

⑤ $\displaystyle\lim_{x\to\infty}\frac{-2x}{\sqrt{x^2+2}}$

⑥ $\displaystyle\lim_{x\to\infty}\frac{\sqrt{2x^2-1}}{x}$

6 関数の極限値 ★★

次の極限値を求めよ。

① $\displaystyle\lim_{x\to\infty}\left(\sqrt{x+3}-\sqrt{x}\right)$

② $\displaystyle\lim_{x\to\infty}\left(\sqrt{x+2}-\sqrt{x}\right)$

③ $\displaystyle\lim_{x\to\infty}\left(\sqrt{x^2+3}-x\right)$

④ $\displaystyle\lim_{x\to\infty}\left(\sqrt{x^2+1}-x\right)$

7 関数の極限値 ★★★

	1回目	2回目
	/	/

次の極限値を求めよ。

❶ $\displaystyle\lim_{x \to \infty}\left(\sqrt{x^2 + x} - x\right)$

❷ $\displaystyle\lim_{x \to \infty}\left(\sqrt{x^2 + 4x} - x\right)$

❸ $\displaystyle\lim_{x \to \infty}\left(\sqrt{x^4 + 2x^2} - x^2\right)$

❹ $\displaystyle\lim_{x \to \infty}\left(\sqrt{x^2 + 3x} - \sqrt{x^2 + x}\right)$

8 関数の極限値 ★★

	1回目	2回目
	/	/

$[x]$ を x を超えない最大の整数とする。次の各問いに答えよ。

❶ $\left[\dfrac{5}{2}\right]$ を求めよ。

❷ $[-1.2]$ を求めよ。

❸ $-2 \leqq x \leqq 4$ の範囲で $y = [x]$ のグラフを完成せよ。

❹ $\displaystyle\lim_{x \to +0}[x]$ を求めよ。

❺ $\displaystyle\lim_{x \to -0}[x]$ を求めよ。

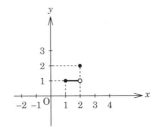

9 関数の極限値　★★

|1回目|2回目|
|/|/|

$[2x]$ を，$2x$ を超えない最大の整数とする。次の各問いに答えよ。

1 $0 \leq x \leq 2$ の範囲で，$y = [2x]$ のグラフを描け。

2 $\displaystyle \lim_{x \to 1-0} [2x]$ を求めよ。

3 $\displaystyle \lim_{x \to 1+0} [2x]$ を求めよ。

4 $\displaystyle \lim_{x \to 1-0} \frac{[2x]}{1 + x^2}$ を求めよ。

10 関数の極限値　★★

|1回目|2回目|
|/|/|

次の極限値を求めよ。

1 $\displaystyle \lim_{x \to +0} \frac{x}{|x|}$

2 $\displaystyle \lim_{x \to -0} \frac{x}{|x|}$

11 関数の極限値 ★★

1回目	2回目
/	/

次の極限値を求めよ。

1 $\displaystyle \lim_{x \to 0} \frac{\sin 2x}{x}$

2 $\displaystyle \lim_{x \to 0} \frac{\sin 3x}{\tan 4x}$

3 $\displaystyle \lim_{x \to 0} \frac{\sin 5x}{\sin 2x}$

4 $\displaystyle \lim_{x \to 0} \frac{\tan x}{x}$

5 $\displaystyle \lim_{x \to 0} \frac{\tan ax}{\tan bx}$ $(a \neq 0, \ b \neq 0)$

12 関数の極限値 ★★

1回目	2回目
/	/

次の極限値を求めよ。

1 $\displaystyle \lim_{x \to 0} \frac{\cos x - 1}{x}$

2 $\displaystyle \lim_{x \to 0} \frac{1 - \cos x}{x^2}$

3 $\displaystyle \lim_{x \to 0} \frac{1 - \cos 2x}{x^2}$

⓭ 関数の極限値　★★

次の極限値を求めよ。

❶　$\displaystyle \lim_{x \to \infty} \frac{\cos x}{x}$

⓮ 関数の極限値　★★

次の極限値を求めよ。

❶　$\displaystyle \lim_{x \to a} \frac{x^n - a^n}{x - a}$

⓯ 微分係数　★

次の曲線上の（　）内のxの値における微分係数を求めよ。

❶　$y = x^2$　$(x = 1)$

❷　$y = x^3$　$(x = -1)$

16 微分係数 ★

次の曲線上の（　）内のxの値における接線の傾きを求めよ。

1 $y = 2x^2$　$(x = 1)$

2 $y = \dfrac{1}{4}x^3$　$(x = -2)$

17 微分 ★★

次の関数を定義に従って微分せよ。

1 $y = x$

2 $y = x^2$

3 $y = k$　（定数）

4 $y = x^n$　（nは自然数）

18 微分 ★★

次の関数を定義に従って微分せよ。

1 $y = 3x^2 + 1$

2 $y = \dfrac{1}{x}$

3 $y = \dfrac{3}{x^2}$

4 $y = \sqrt{x}$

19 微分 ★

次の関数を微分せよ。

① $y = 3$

② $y = x$

③ $y = x^2$

④ $y = x^3$

⑤ $y = 2x^3$

⑥ $y = -x^4$

⑦ $y = -5x^2$

⑧ $y = -\dfrac{2}{3}x^3$

⑨ $y = x^3 + x^2 + x + 1$

⑩ $y = 4x^3 - 5x^2 + 3x - 2$

20 微分 ★

次の関数を微分せよ。

① $y = \dfrac{3}{x}$

② $y = -\dfrac{5}{x}$

③ $y = \dfrac{2}{x^2}$

④ $y = -\dfrac{4}{x^2}$

⑤ $y = \dfrac{1}{3x^2}$

⑥ $y = -\dfrac{5}{4x^3}$

	1回目	2回目
	╱	╱

21 微分 ★

商の微分公式を用いて，次の関数を微分せよ。

1 $y = \dfrac{4}{x}$

2 $y = -\dfrac{5}{x^2}$

3 $y = \dfrac{2}{x^3}$

4 $y = -\dfrac{7}{x^3}$

5 $y = -\dfrac{8}{x^6}$

	1回目	2回目
	╱	╱

22 微分 ★

積・商の微分公式を用いて，次の関数を微分せよ。

1 $y = (x+7)(x^2+1)$

2 $y = (x^2-5)(3x+5)$

3 $y = \dfrac{x+3}{x+1}$

4 $y = \dfrac{x+4}{x^2+7}$

5 $y = \dfrac{3x^2+5}{1+x^2}$

6 $y = \dfrac{5x+1}{4+x+x^3}$

	1回目	2回目
	／	／

◀ **23 合成関数の微分**　★

次の関数を微分せよ。

1　$y = (x+5)^3$

2　$y = (x-7)^5$

3　$y = (3x+2)^4$

4　$y = (5x-1)^3$

5　$y = (-x+3)^6$

6　$y = (x^2-1)^4$

7　$y = (3x^2+5)^4$

8　$y = (x^2+x+1)^6$

9　$y = (3x^2-5x+4)^2$

10　$y = (5x^3-2x^2)^3$

	1回目	2回目
	／	／

◀ **24 合成関数の微分**　★

次の関数を微分せよ。

1　$y = \dfrac{1}{(x+5)^2}$

2　$y = \dfrac{2}{(x-7)^3}$

3　$y = \dfrac{1}{(2x+3)^3}$

4　$y = \dfrac{3}{(3x-4)^2}$

5　$y = \dfrac{1}{(x^2-1)^3}$

6　$y = \dfrac{1}{(3x^4-1)^2}$

25 合成関数の微分 ★★

次の関数を微分せよ。

❶ $y = \sqrt{x}$

❷ $y = x\sqrt{x}$

❸ $y = \sqrt[3]{x}$

❹ $y = \sqrt[3]{x^2}$

❺ $y = \dfrac{1}{\sqrt{x}}$

❻ $y = \dfrac{1}{x\sqrt{x}}$

❼ $y = \dfrac{1}{\sqrt[3]{x}}$

❽ $y = \dfrac{1}{x^2\sqrt{x}}$

26 合成関数の微分 ★★

次の関数を微分せよ。

❶ $y = x^2\sqrt{x}$

❷ $y = -x^3\sqrt[3]{x}$

❸ $y = 3x\sqrt[4]{x}$

❹ $y = \dfrac{1}{\sqrt[4]{x}}$

❺ $y = (x+2)\sqrt{x}$

❻ $y = \dfrac{2x+3}{\sqrt{x}}$

❼ $y = \dfrac{3\sqrt{x}-1}{x}$

27 合成関数の微分 ★★

1回目	2回目
/	/

次の関数を微分せよ。

① $y = \sqrt{x+1}$

② $y = \sqrt{x^2+3}$

③ $y = \sqrt[3]{2x+3}$

④ $y = \sqrt[5]{(3x+1)^2}$

⑤ $y = \sqrt[3]{(-3x+2)^2}$

⑥ $y = \dfrac{1}{\sqrt{x+3}}$

⑦ $y = \dfrac{1}{\sqrt{x^2-1}}$

⑧ $y = \dfrac{1}{\sqrt[3]{2x+3}}$

28 合成関数の微分 ★★

1回目	2回目
/	/

次の関数を微分せよ。

① $y = x\sqrt{2x+1}$

② $y = x^2\sqrt[3]{3x-4}$

③ $y = (x^2-3)\sqrt{2x+1}$

④ $y = \dfrac{\sqrt{x+1}}{x+2}$

⑤ $y = \dfrac{x+1}{\sqrt{x-3}}$

⑥ $y = \dfrac{x}{\sqrt{2x-1}}$

⑦ $y = \dfrac{x}{\sqrt{1+x^2}}$

29 三角関数の微分　★

次の関数を微分せよ。

❶ $y = 3\sin x$

❷ $y = -4\cos x$

❸ $y = 5\tan x$

❹ $y = \sin^3 x$

❺ $y = \cos^5 x$

❻ $y = \tan^2 x$

❼ $y = \sin 2x$

❽ $y = \cos 3x$

❾ $y = \tan 4x$

❿ $y = \sin \dfrac{1}{2}x$

⓫ $y = \cos \dfrac{2}{3}x$

⓬ $y = \tan \dfrac{1}{4}x$

30 三角関数の微分　★

次の関数を微分せよ。

❶ $y = \sin(2x+3)$

❷ $y = \cos(3x+5)$

❸ $y = \tan(x+5)$

❹ $y = \sin(-x+7)$

❺ $y = \cos\left(\dfrac{1}{2}x+4\right)$

❻ $y = \tan(-x+1)$

❼ $y = \sin \dfrac{1}{x}$

❽ $y = \cos \dfrac{2}{x}$

❾ $y = \tan \dfrac{1}{x}$

1回目	2回目
／	／

31 指数関数・対数関数の微分 ★

次の関数を微分せよ。

❶ $y = e^x$

❷ $y = e^{2x}$

❸ $y = e^{2x-1}$

❹ $y = e^{x^3}$

❺ $y = e^{x^2+3}$

❻ $y = 2^x$

❼ $y = 3^x$

❽ $y = \log x$

❾ $y = \log(x^2 + 1)$

❿ $y = \log(2x + 3)$

⓫ $y = (\log x)^2$

⓬ $y = (\log x)^3$

1回目	2回目
／	／

32 指数関数・対数関数の微分 ★★

次の関数を微分せよ。

❶ $y = \log|\sin x|$

❷ $y = \log|\log x|$

❸ $y = \log \dfrac{1}{x}$

❹ $y = x^2 e^x$

❺ $y = x \log x$

❻ $y = e^x \sin 2x$

❼ $y = \sin x \tan x$

❽ $y = \dfrac{\cos x}{\sin x}$

33 逆三角関数 ★

次の値を求めよ。

1 $\mathrm{Sin}^{-1}0$

2 $\mathrm{Sin}^{-1}1$

3 $\mathrm{Sin}^{-1}(-1)$

4 $\mathrm{Cos}^{-1}0$

5 $\mathrm{Cos}^{-1}1$

6 $\mathrm{Cos}^{-1}(-1)$

7 $\mathrm{Tan}^{-1}0$

8 $\mathrm{Tan}^{-1}1$

9 $\mathrm{Tan}^{-1}(-1)$

	1回目	2回目
	/	/

34 逆三角関数 ★

次の値を求めよ。

1 $\mathrm{Sin}^{-1}\dfrac{\sqrt{3}}{2}$

2 $\mathrm{Cos}^{-1}\dfrac{1}{\sqrt{2}}$

3 $\mathrm{Tan}^{-1}(-1)$

4 $\mathrm{Sin}^{-1}\left(-\dfrac{\sqrt{3}}{2}\right)$

5 $\mathrm{Cos}^{-1}\dfrac{\sqrt{3}}{2}$

6 $\mathrm{Tan}^{-1}\left(-\dfrac{1}{\sqrt{3}}\right)$

7 $\mathrm{Sin}^{-1}(-1)$

8 $\mathrm{Cos}^{-1}\left(-\dfrac{\sqrt{3}}{2}\right)$

9 $\mathrm{Tan}^{-1}(-\sqrt{3})$

	1回目	2回目
	/	/

35 逆三角関数の微分 ★★

次の関数を微分せよ。

1 $y = \mathrm{Sin}^{-1} x$

2 $y = \mathrm{Cos}^{-1} x$

3 $y = \mathrm{Tan}^{-1} x$

4 $y = \mathrm{Sin}^{-1} 2x$

5 $y = \mathrm{Cos}^{-1} 3x$

6 $y = \mathrm{Tan}^{-1} 5x$

36 逆三角関数の微分 ★★

次の関数を微分せよ。

1 $y = \mathrm{Sin}^{-1} \dfrac{x}{2}$

2 $y = \mathrm{Tan}^{-1} \dfrac{x}{3}$

3 $y = \mathrm{Cos}^{-1} x^2$

4 $y = \mathrm{Sin}^{-1} \dfrac{x}{a} \quad (a > 0)$

5 $y = \mathrm{Tan}^{-1} \dfrac{x}{a}$

6 $y = \mathrm{Sin}^{-1} \sqrt{x}$

37 逆三角関数の微分 ★★

次の関数を微分せよ。

1 $y = \mathrm{Cos}^{-1} \dfrac{1}{x} \quad (x > 1)$

2 $y = \mathrm{Tan}^{-1} \dfrac{1-x}{1+x}$

3 $y = \mathrm{Sin}^{-1} (2x - 3)$

4 $y = \mathrm{Tan}^{-1} x^2$

5 $y = \mathrm{Tan}^{-1} 3x^2$

6 $y = \mathrm{Tan}^{-1} \dfrac{1}{\sqrt{x}}$

38 対数関数の微分（再） ★★★

次の関数を微分せよ。

❶ $y = \log|\log x|$

❷ $y = \log\left|\dfrac{x-a}{x+a}\right|$

❸ $y = \log\left|x + \sqrt{x^2 + A}\right|$

❹ $y = \log\left|\tan\dfrac{x}{2}\right|$

39 対数関数の微分（再） ★★

次の関数を微分せよ。

❶ $y = \log 2x$

❷ $y = \log(x^2 + 1)$

❸ $y = (\log x)^3$

❹ $y = \dfrac{1}{\log x}$

❺ $y = \log_a 2x$

❻ $y = (\log_2 x)^2$

◢ 40 関数の増減・凹凸とグラフ ★

関数 $y = x^3 - 3x^2 - 9x + 5$ の増減・極値を求めて，増減表およびグラフの概形を完成せよ。

x	$\cdots$	-1	$\cdots$	ア	$\cdots$
y'	$+$	イ	$-$	0	ウ
y	↗	10	↘	エ	↗

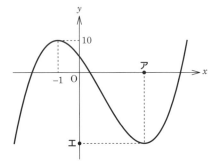

$x = -1$ で極大値 10

$x = \boxed{\text{ア}}$ で極小値 $\boxed{\text{エ}}$ をとる。

◢ 41 関数の増減・凹凸とグラフ ★

関数 $y = -x^3 + 3x - 1$ の増減・極値を求めて，増減表およびグラフの概形を完成せよ。

x	$\cdots$	ア	$\cdots$	1	$\cdots$
y'	イ	0	$+$	ウ	$-$
y	↘	エ	↗	1	↘

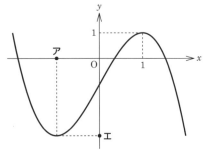

$x = 1$ で極大値 1

$x = \boxed{\text{ア}}$ で極小値 $\boxed{\text{エ}}$ をとる。

42 関数の増減・凹凸とグラフ ★

関数 $y = x^4 - 2x^2 + 3$ の増減・極値を求めて，増減表およびグラフの概形を完成せよ。

x	$\cdots$	-1	$\cdots$	ア	$\cdots$	イ	$\cdots$
y'	$-$	0	$+$	ウ	$-$	エ	$+$
y	↘	オ	↗	3	↘	カ	↗

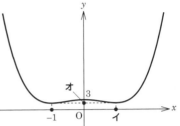

$x = \boxed{ア}$ のとき極大値 3

$x = -1$ のとき極小値 $\boxed{オ}$，$x = \boxed{イ}$ のとき極小値 $\boxed{カ}$ をとる。

43 関数の増減・凹凸とグラフ ★

関数 $y = -\dfrac{1}{4}x^4 + 2x^2 - 2$ の増減・極値を求めて，増減表およびグラフの概形を完成せよ。

x	$\cdots$	ア	$\cdots$	0	$\cdots$	イ	$\cdots$
y'	$+$	ウ	$-$	0	$+$	エ	$-$
y	↗	2	↘	オ	↗	カ	↘

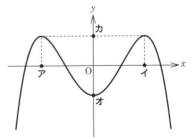

$x = \boxed{ア}$ のとき極大値 2

$x = \boxed{イ}$ のとき極大値 $\boxed{カ}$

$x = 0$ のとき極小値 $\boxed{オ}$ をとる。

44 関数の増減・凹凸とグラフ ★

関数 $y = -x^3 + 3x^2 + 9x - 8$ の増減・極値・グラフの凹凸・変曲点を求めて，増減表およびグラフの概形を完成せよ。

x	$\cdots$	-1	$\cdots$	1	$\cdots$	ア	$\cdots$
y'	$-$	0	$+$	$+$	イ	0	ウ
y''	$+$	$+$	エ	0	オ	$-$	$-$
y	↘	-13	↗	カ	↗	キ	↘

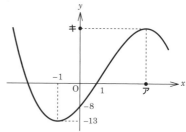

$x = $ ア で極大値 キ

$x = -1$ で極小値 -13 をとる。

変曲点は（ ク ， ケ ）である。

☞ y'' の符号の変化から変曲点がわかる。

45 関数の増減・凹凸とグラフ ★

関数 $y = x^3 + x^2 - x - 1$ の増減・極値・グラフの凹凸・変曲点を求めて，増減表およびグラフの概形を完成せよ。

x	$\cdots$	ア	$\cdots$	イ	$\cdots$	$\dfrac{1}{3}$	$\cdots$
y'	ウ	0	エ	$-$	$-$	0	$+$
y''	$-$	$-$	オ	0	カ	$+$	$+$
y	↗	キ	↘	ク	↘	$-\dfrac{32}{27}$	↗

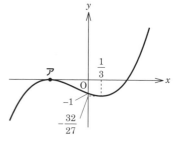

$x = $ ア で極大値 キ

$x = \dfrac{1}{3}$ で極小値 $-\dfrac{32}{27}$ をとる。

変曲点は（ ケ ， コ ）である。

46 関数の増減・凹凸とグラフ ★★

1回目	2回目
/	/

関数 $y = x^4 - 8x^3 + 18x^2 - 5$ の増減・極値・グラフの凹凸・変曲点を求めて，増減表およびグラフの概形を完成せよ。

x	$\cdots$	0	$\cdots$	ア	$\cdots$	イ	$\cdots$
y'	ウ	0	エ	$+$	$+$	0	オ
y''	$+$	カ	$+$	キ	$-$	0	ク
y	$\searrow$	-5	$\smile$	ケ	$\nearrow$	22	$\nearrow$

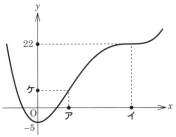

$x = 0$ で極小値 -5 をとる。

変曲点は $(\boxed{ア}, \boxed{ケ})$，$(\boxed{イ}, 22)$ である。

47 関数の増減・凹凸とグラフ ★★

1回目	2回目
/	/

関数 $y = e^{-x^2}$ の増減・極値・グラフの凹凸・変曲点を求めて，増減表およびグラフの概形を完成せよ。

x	$\cdots$	$-\dfrac{1}{\sqrt{2}}$	$\cdots$	ア	$\cdots$	イ	$\cdots$
y'	$+$	$+$	ウ	0	エ	$-$	$-$
y''	オ	0	カ	$-$	$-$	キ	$+$
y	$\nearrow$	$\dfrac{1}{\sqrt{e}}$	$\nearrow$	ク	$\searrow$	ケ	$\searrow$

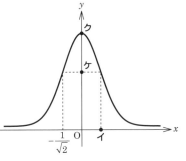

$x = \boxed{ア}$ で極大値 $\boxed{ク}$ をとる。

変曲点は $\left(-\dfrac{1}{\sqrt{2}}, \dfrac{1}{\sqrt{e}}\right)$，$(\boxed{イ}, \boxed{ケ})$ である。

48 関数の増減・凹凸とグラフ ★★

関数 $y = e^{-\frac{x^2}{2}}$ の増減・極値・グラフの凹凸・変曲点を求めて，増減表およびグラフの概形を完成せよ。

x	$\cdots$	ア	$\cdots$	イ	$\cdots$	1	$\cdots$
y'	+	+	ウ	0	エ	−	−
y''	+	0	オ	−	カ	0	キ
y	↗	ク	↗	ケ	↘	$\frac{1}{\sqrt{e}}$	↘

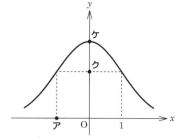

$x = \boxed{イ}$ で極大値 $\boxed{ケ}$ をとる。

変曲点は $(\boxed{ア},\ \boxed{ク})$，$\left(1,\ \dfrac{1}{\sqrt{e}}\right)$ である。

49 関数の増減・凹凸とグラフ ★★

関数 $y = \dfrac{1}{x^2+1}$ の増減・極値・グラフの凹凸・変曲点を求めて，増減表およびグラフの概形を完成せよ。

x	$\cdots$	$-\frac{1}{\sqrt{3}}$	$\cdots$	ア	$\cdots$	イ	$\cdots$
y'	+	+	+	ウ	−	−	−
y''	+	エ	−		−	オ	+
y	↗	カ	↗	キ	↘	ク	↘

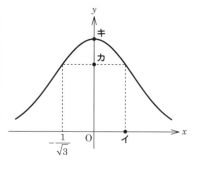

$x = \boxed{ア}$ で極大値 $\boxed{キ}$ をとる。

変曲点は $\left(-\dfrac{1}{\sqrt{3}},\ \boxed{カ}\right)$，$(\boxed{イ},\ \boxed{ク})$ である。

50 関数の増減・凹凸とグラフ ★★

1回目	2回目
/	/

関数 $y = \log\left(1 + x^2\right)$ の増減・極値・グラフの凹凸・変曲点を求めて，増減表およびグラフの概形を完成せよ。

x	$\cdots$	-1	$\cdots$	ア	$\cdots$	1	$\cdots$
y'	$-$	$-$	イ	0	ウ	$+$	$+$
y''	$-$	0	エ	$+$	$+$	オ	$-$
y	$\searrow$	$\log 2$	$\searrow$	カ	$\searrow$	キ	$\nearrow$

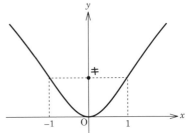

$x = \boxed{\text{ア}}$ で極小値 $\boxed{\text{カ}}$ をとる。

変曲点は $(-1,\ \log 2)$，$(1,\ \boxed{\text{キ}}\,)$ である。

51 関数の増減・凹凸とグラフ ★★

1回目	2回目
/	/

関数 $y = e^x \sin x\ (0 \leqq x \leqq \pi)$ の増減・極値・グラフの凹凸・変曲点を求めて，増減表およびグラフの概形を完成せよ。

x	0	$\cdots$	ア	$\cdots$	$\dfrac{3}{4}\pi$	$\cdots$	π
y'	$+$	$+$	$+$	$+$	イ	$-$	$-$
y''	$+$	$+$	0	ウ	$-$	$-$	$-$
y	0	$\nearrow$	エ	$\nearrow$	オ	$\searrow$	0

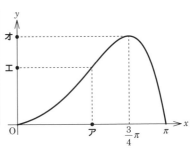

$x = \dfrac{3}{4}\pi$ で極大値 $\boxed{\text{オ}}$ をとる。

変曲点は $(\boxed{\text{ア}},\ \boxed{\text{エ}}\,)$ である。

52 関数の増減・凹凸とグラフ ★★

関数 $y = e^{-x}\sin x$ $(0 \leq x \leq 2\pi)$ の増減・極値・グラフの凹凸・変曲点を求めて，増減表およびグラフの概形を完成せよ。

x	0	$\cdots$	$\dfrac{\pi}{4}$	$\cdots$	$\dfrac{\pi}{2}$	$\cdots$	ア	$\cdots$	イ	$\cdots$	2π
y'	$+$	$+$	ウ	$-$	$-$	エ	0	オ	$+$	$+$	$+$
y''	$-$	$-$	$-$	$-$	カ	$+$	$+$	キ	0	ク	$-$
y	0	↗	ケ	↘	$e^{-\frac{\pi}{2}}$	↘	コ	↗	サ	↗	0

$x = \dfrac{\pi}{4}$ で極大値 ケ

$x =$ ア で極小値 コ をとる。

変曲点は $\left(\dfrac{\pi}{2},\ e^{-\frac{\pi}{2}} \right)$,

(イ , サ) である。

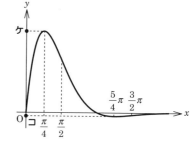

53 関数の増減・凹凸とグラフ ★★

関数 $y = \dfrac{x}{1+x^2}$ の増減・極値・グラフの凹凸・変曲点を求めて，増減表およびグラフの概形を完成せよ。

x	$\cdots$	$-\sqrt{3}$	$\cdots$	-1	$\cdots$	ア	$\cdots$	1	$\cdots$	イ	$\cdots$
y'	$-$	$-$	$-$	0	$+$	$+$	$+$	ウ	$-$	$-$	$-$
y''	$-$	エ	$+$	$+$	$+$	0	オ	$-$	$-$	カ	$+$
y	$\searrow$	$-\dfrac{\sqrt{3}}{4}$	$\searrow$	キ	$\nearrow$	0	$\nearrow$	$\dfrac{1}{2}$	$\searrow$	$\dfrac{\sqrt{3}}{4}$	$\searrow$

$x=1$ で極大値 $\dfrac{1}{2}$

$x=-1$ で極小値 キ をとる。

変曲点は $\left(-\sqrt{3},\ -\dfrac{\sqrt{3}}{4}\right)$，$(0,\ 0)$，

$\left(\text{イ},\ \dfrac{\sqrt{3}}{4}\right)$ である。

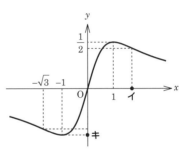

54 関数の増減・凹凸とグラフ ★★★

関数 $y = xe^x$ の増減・極値・グラフの凹凸・変曲点を求めて，増減表およびグラフの概形を完成せよ。

x	$-\infty$	$\cdots$	ア	$\cdots$	-1	$\cdots$	∞
y'		$-$	$-$	$-$	イ	$+$	
y''		$-$	0	ウ	$+$	$+$	
y	0	$\searrow$	$-\dfrac{2}{e^2}$	$\searrow$	エ	$\nearrow$	∞

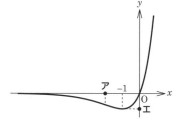

$x = -1$ で極小値 エ をとる。

変曲点は $\left(\text{ア}, \ -\dfrac{2}{e^2} \right)$ である。

55 関数の増減・凹凸とグラフ ★★★

関数 $y = (x-1)e^x$ の増減・極値・グラフの凹凸・変曲点を求めて，増減表およびグラフの概形を完成せよ。

x	$\cdots$	-1	$\cdots$	ア	$\cdots$
y'	$-$	$-$	$-$	0	イ
y''	ウ	0	$+$	$+$	$+$
y	$\searrow$	エ	$\searrow$	オ	$\nearrow$

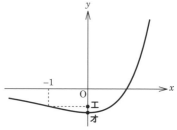

$x = $ ア で極小値 オ をとる。

変曲点は $(-1,\ $ エ $)$ である。

56 関数の増減・凹凸とグラフ ★★★

関数 $y = \log\left(x^2 + 2\right)$ の増減・極値・グラフの凹凸・変曲点を求めて，増減表およびグラフの概形を完成せよ。

x	$\cdots$	$-\sqrt{2}$	$\cdots$	ア		イ	$\cdots$
y'	$-$	$-$	ウ	0	エ	$+$	$+$
y''	$-$	オ	$+$	$+$	$+$	0	カ
y	$\searrow$	キ	$\searrow$	ク	$\nearrow$	$2\log 2$	$\nearrow$

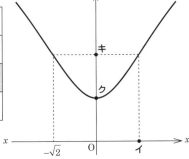

$x = \boxed{ア}$ で極小値 $\boxed{ク}$ をとる。

変曲点は $(-\sqrt{2},\ \boxed{キ})$，$(\boxed{イ},\ 2\log 2)$ である。

57 関数の増減・凹凸とグラフ ★★★

関数 $y = \dfrac{\log x}{x}$ $(x > 0)$ の増減・極値・グラフの凹凸・変曲点を求めて，増減表およびグラフの概形を完成せよ。

x	0	$\cdots$	e	$\cdots$	ア	$\cdots$	∞
y'		$+$	イ	$-$	$-$		
y''		$-$	$-$	ウ	0	エ	
y	$-\infty$	$\nearrow$	オ	$\searrow$	カ	$\searrow$	0

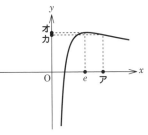

$x = e$ で極大値 $\boxed{オ}$ をとる。

変曲点は $(\boxed{ア},\ \boxed{カ})$ である。

58 関数の増減・凹凸とグラフ ★★

関数 $y = x^2 e^x$ の増減・極値・グラフの凹凸・変曲点を求めて，増減表およびグラフの概形を完成せよ。

x	$-\infty$	$\cdots$	$-2-\sqrt{2}$	$\cdots$	-2	$\cdots$	ア	$\cdots$	イ	$\cdots$	$+\infty$
y'	$+$	$+$	$+$	$+$	ウ	$-$	$-$	$-$	0	エ	$+$
y''	$+$	$+$	オ	$-$	$-$	カ	0	$+$	$+$	$+$	$+$
y	0	↗	キ	↗	ク	↘	ケ	↘	0	↗	$+\infty$

$x = -2$ で極大値 $\boxed{ク}$
$x = \boxed{イ}$ で極小値 0 をとる。
変曲点は $(-2-\sqrt{2},\ \boxed{キ})$,
$(\boxed{ア},\ \boxed{ケ})$ である。

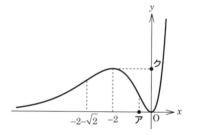

59 関数の増減・凹凸とグラフ ★★

関数 $y = x \log x$ の増減・極値・グラフの凹凸・変曲点を求めて，増減表およびグラフの概形を完成せよ。

x	0	$\cdots$	ア	$\cdots$	∞
y'		イ	0	ウ	
y''		エ	$+$	オ	
y	0	↘	カ	↗	∞

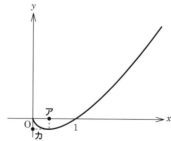

$x = \boxed{ア}$ で極小値 $\boxed{カ}$ をとる。
変曲点は存在しない。

60 ロピタルの定理　★

ロピタルの定理を用いて，次の極限値を求めよ。

① $\displaystyle\lim_{x\to 0}\frac{\sin x}{x}$

② $\displaystyle\lim_{x\to 0}\frac{e^x-1}{x}$

③ $\displaystyle\lim_{x\to 0}\frac{e^x-\cos x}{x}$

④ $\displaystyle\lim_{x\to 0}\frac{e^x-e^{-x}}{\sin x}$

⑤ $\displaystyle\lim_{x\to 0}\frac{3^x-2^x}{x}$

61 ロピタルの定理　★★

ロピタルの定理を用いて，次の極限値を求めよ。

① $\displaystyle\lim_{x\to 0}\frac{1-\cos x}{x^2}$

② $\displaystyle\lim_{x\to 0}\frac{x-\log(1+x)}{x^2}$

③ $\displaystyle\lim_{x\to 0}\frac{x-\sin x}{x^3}$

④ $\displaystyle\lim_{x\to 0}\frac{x^2-\sin^2 x}{x^4}$

62 ロピタルの定理 ★★

ロピタルの定理を用いて，次の極限値を求めよ。

① $\displaystyle \lim_{x \to 1} \frac{\sin \pi x}{x - 1}$

② $\displaystyle \lim_{x \to \frac{\pi}{2}} \left(\tan x - \frac{1}{\cos x} \right)$

③ $\displaystyle \lim_{x \to 0} \left(\frac{1}{x} - \frac{1}{\sin x} \right)$

63 ロピタルの定理 ★★

ロピタルの定理を用いて，次の極限値を求めよ。

① $\displaystyle \lim_{x \to \infty} \frac{x^2}{e^x}$

② $\displaystyle \lim_{x \to \infty} \frac{e^x}{x^2}$

③ $\displaystyle \lim_{x \to \infty} \frac{\log x}{x}$

④ $\displaystyle \lim_{x \to -\infty} x e^x$

⑤ $\displaystyle \lim_{x \to +0} x \log x$

64 第2次・3次・n階導関数   ★

	1回目	2回目
	/	/

次の関数の第2次導関数を求めよ。

1 $y = x^4 - 5x^3 + 3x^2 - 5x - 3$

2 $y = (3x + 2)^5$

3 $y = \sqrt{x}$

4 $y = \log(x^2 + 1)$

5 $y = \cos^2 x$

6 $y = \sqrt{1 + 2x}$

65 第2次・3次・n階導関数   ★★

	1回目	2回目
	/	/

次の関数の第2次・第3次導関数を求めよ。

1 $y = \cos x$

2 $y = \log|x|$

3 $y = e^{x^2}$

4 $y = \sin 2x$

5 $y = \tan x$

66　第2次・3次・n階導関数　★★★

次の関数のn階導関数を求めよ。

❶　$y = x^n$　（nは自然数）

❷　$y = \dfrac{1}{1-x}$

❸　$y = \dfrac{1}{1+x}$

❹　$y = \sin x$

❺　$y = 2^x$

67　第2次・3次・n階導関数　★★★

次の関数のn階導関数を求めよ。

❶　$y = x^\alpha$　（α：実数）

❷　$y = \dfrac{1}{1-2x}$

❸　$y = \cos x$

❹　$y = \log x$

❺　$y = e^{2x}$

68 テイラー展開 ★★★

関数 $f(x) = \sin x$ について，次の問いに答えよ。

❶ $f'(x)$, $f''(x)$, $f'''(x)$, $f^{(4)}(x)$, $f^{(5)}(x)$ を求めよ。

❷ $f(0)$, $f'(0)$, $f''(0)$, $f'''(0)$, $f^{(4)}(0)$, $f^{(5)}(0)$ を求めよ。

❸ $f(x)$ の点 $x = 0$ のまわりでの1次，3次，5次のテイラー展開 $P_1(x)$, $P_2(x)$, $P_3(x)$ をそれぞれ求めよ。ただし剰余項は書かなくてもよい。

❹ $P_1(x)$, $P_2(x)$, $P_3(x)$ は下のどのグラフか答えよ。破線は $y = \sin x$ である。

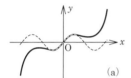

(a)

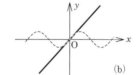

(b)

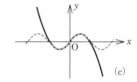

(c)

69 テイラー展開 ★★★

関数 $f(x) = \cos x$ について，次の問いに答えよ。

❶ $f'(x)$, $f''(x)$, $f'''(x)$, $f^{(4)}(x)$, $f^{(5)}(x)$, $f^{(6)}(x)$ を求めよ。

❷ $f(0)$, $f'(0)$, $f''(0)$, $f'''(0)$, $f^{(4)}(0)$, $f^{(5)}(0)$, $f^{(6)}(0)$ を求めよ。

❸ $f(x)$ の点 $x = 0$ のまわりでの2次，4次，6次のテイラー展開 $P_1(x)$, $P_2(x)$, $P_3(x)$ をそれぞれ求めよ。ただし剰余項は書かなくてもよい。

❹ $P_1(x)$, $P_2(x)$, $P_3(x)$ は下のどのグラフか答えよ。破線は $y = \cos x$ である。

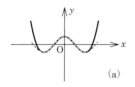

(a)

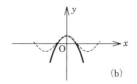

(b)

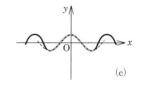

(c)

70 テイラー展開

関数 $f(x) = \sin x$ について, 次の問いに答えよ。

① $f'(x)$, $f''(x)$ を求めよ。

② $f\left(\dfrac{\pi}{2}\right)$, $f'\left(\dfrac{\pi}{2}\right)$, $f''\left(\dfrac{\pi}{2}\right)$, $f\left(-\dfrac{\pi}{2}\right)$, $f'\left(-\dfrac{\pi}{2}\right)$, $f''\left(-\dfrac{\pi}{2}\right)$ を求めよ。

③ $f(x)$ の点 $x = \dfrac{\pi}{2}$ のまわりでの2次のテイラー展開 $P(x)$, $x = -\dfrac{\pi}{2}$ のまわりでの2次のテイラー展開 $Q(x)$ をそれぞれ求めよ。剰余項は書かなくてもよい。

④ $P(x)$, $Q(x)$ はそれぞれ下のどのグラフか答えよ。破線は $y = \sin x$ である。

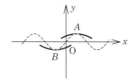

71 テイラー展開

関数 $f(x) = \sin x$ の $x = \dfrac{\pi}{6}$ のまわりでの, 3次までのテイラー展開 $P(x)$ を求めよ。

⓻⓶ テイラー展開　★★

1回目	2回目
/	/

関数 $f(x) = \tan x$ について，次の問いに答えよ。

❶　$f'(x)$，$f''(x)$，$f'''(x)$ を求めよ。

❷　$f(0)$，$f'(0)$，$f''(0)$，$f'''(0)$ を求めよ。

❸　$f(x)$ の $x=0$ のまわりでの3次までのテイラー展開 $P(x)$ を求めよ。

⓻⓷ テイラー展開　★★★

1回目	2回目
/	/

関数 $f(x) = e^x$ について，次の問いに答えよ。

❶　$f'(x)$，$f''(x)$，$f'''(x)$，$f^{(4)}(x)$，$f^{(5)}(x)$ を求めよ。

❷　$f(0)$，$f'(0)$，$f''(0)$，$f'''(0)$，$f^{(4)}(0)$，$f^{(5)}(0)$ を求めよ。

❸　$f(x)$ の $x=0$ のまわりでの5次までのテイラー展開 $P(x)$ を求めよ。

❹　❸で $x=1$ として，e の値を小数第3位まで求めよ。ただし，計算の途中過程において，各項は小数第4位まで求めてあとは切り捨て，総和の小数第4位を四捨五入して答えよ。

74 テイラー展開

関数 $f(x) = \log(1+x)$ について，次の問いに答えよ。

❶ $f'(x)$, $f''(x)$, $f'''(x)$, $f^{(4)}(x)$, $f^{(5)}(x)$ を求めよ。

❷ $f(0)$, $f'(0)$, $f''(0)$, $f'''(0)$, $f^{(4)}(0)$, $f^{(5)}(0)$ を求めよ。

❸ $f(x)$ の $x=0$ のまわりでの5次までのテイラー展開 $P(x)$ を求めよ。

75 テイラー展開

関数 $f(x) = \dfrac{1}{1-x}$ について，次の問いに答えよ。

❶ $f'(x)$, $f''(x)$, $f'''(x)$, $f^{(4)}(x)$, $f^{(5)}(x)$ を求めよ。

❷ $f(0)$, $f'(0)$, $f''(0)$, $f'''(0)$, $f^{(4)}(0)$, $f^{(5)}(0)$ を求めよ。

❸ $f(x)$ の $x=0$ のまわりでの5次までのテイラー展開 $P(x)$ を求めよ。

76 テイラー展開 ★★

関数 $f(x) = \dfrac{1}{1+x}$ について，次の問いに答えよ。

❶ $f'(x)$, $f''(x)$, $f'''(x)$, $f^{(4)}(x)$, $f^{(5)}(x)$ を求めよ。

❷ $f(0)$, $f'(0)$, $f''(0)$, $f'''(0)$, $f^{(4)}(0)$, $f^{(5)}(0)$ を求めよ。

❸ $f(x)$ の $x=0$ のまわりでの5次までのテイラー展開 $P(x)$ を求めよ。

77 テイラー展開 ★★

1回目 ／ 2回目 ／

関数 $f(x) = \dfrac{1}{2+x}$ について，次の問いに答えよ。

❶ $f'(x),\ f''(x),\ f'''(x),\ f^{(4)}(x),\ f^{(5)}(x)$ を求めよ。

❷ $f(0),\ f'(0),\ f''(0),\ f'''(0),\ f^{(4)}(0),\ f^{(5)}(0)$ を求めよ。

❸ $f(x)$ の $x=0$ のまわりでの5次までのテイラー展開 $P(x)$ を求めよ。

78 テイラー展開 ★★

1回目 ／ 2回目 ／

関数 $f(x) = \dfrac{1}{2+x}$ について，次の問いに答えよ。

❶ $f'(x),\ f''(x),\ f'''(x)$ を求めよ。

❷ $f(1),\ f'(1),\ f''(1),\ f'''(1)$ を求めよ。

❸ $f(x)$ の $x=1$ のまわりでの3次までのテイラー展開 $P(x)$ を求めよ。

79 テイラー展開 ★★

1回目 ／ 2回目 ／

関数 $\dfrac{1}{1-x}$ の $x=0$ のまわりで3次までのテイラー展開が

$$1 + x + x^2 + x^3$$

で与えられることを用いて，関数 $\dfrac{1}{2+x}$ の $x=1$ のまわりでの3次までのテイラー展開を求めよ。

	1回目	2回目
	/	/

次の関数の n 階微分を求めよ。

❶　$y = x^2 e^x$

❷　$y = x \sin x$

❸　$y = x^2 \log |x|$　　$(n \geq 3)$

	1回目	2回目
	/	/

次の関数の n 階微分を求めよ。

❶　$y = x^3 e^x$

❷　$y = x^3 \sin x$

❸　$y = x^3 a^x$

解答

1 〜 10

1 の解答

① $\displaystyle \lim_{x \to 2}\left(3x^2 - x - 3\right) = 3 \cdot 2^2 - 2 - 3 = \boldsymbol{7}$

② $\displaystyle \lim_{x \to -1}\left(3x^2 + 4x\right) = 3(-1)^2 + 4(-1) = 3 - 4 = \boldsymbol{-1}$

③ $\displaystyle \lim_{x \to 0}\left(\sin^2 x - 5^x\right) = \sin^2 0 - 5^0 = \boldsymbol{-1}$

④ $\displaystyle \lim_{x \to -2}\frac{-x+1}{x^2+x} = \frac{-(-2)+1}{(-2)^2+(-2)} = \boldsymbol{\frac{3}{2}}$

2 の解答

① $\displaystyle \lim_{x \to 0}\frac{x^3 + 3x}{5x} = \lim_{x \to 0}\frac{x\left(x^2+3\right)}{5x} = \lim_{x \to 0}\frac{x^2+3}{5} = \boldsymbol{\frac{3}{5}}$

② $\displaystyle \lim_{x \to 0}\frac{1-(1+x)^2}{x} = \lim_{x \to 0}\frac{-2x-x^2}{x} = \lim_{x \to 0}(-2-x) = \boldsymbol{-2}$

③ $\displaystyle \lim_{x \to 3}\frac{x^2-9}{x-3} = \lim_{x \to 3}\frac{(x-3)(x+3)}{x-3} = \lim_{x \to 3}(x+3) = \boldsymbol{6}$

④ $\displaystyle \lim_{x \to 2}\frac{x^2-3x+2}{x-2} = \lim_{x \to 2}\frac{(x-1)(x-2)}{x-2} = \lim_{x \to 2}(x-1) = \boldsymbol{1}$

⑤ $\displaystyle \lim_{x \to 4}\frac{x^2-x-12}{x-4} = \lim_{x \to 4}\frac{(x-4)(x+3)}{x-4} = \lim_{x \to 4}(x+3) = \boldsymbol{7}$

❸の解答

① $\displaystyle \lim_{x \to -1} \frac{2x^2 + 5x + 3}{x+1} = \lim_{x \to -1} \frac{(x+1)(2x+3)}{x+1} = \lim_{x \to -1} (2x+3) = -2+3 = \mathbf{1}$

② $\displaystyle \lim_{x \to 2} \frac{x^2 - 5x + 6}{x^2 - 4} = \lim_{x \to 2} \frac{(x-2)(x-3)}{(x-2)(x+2)} = \lim_{x \to 2} \frac{x-3}{x+2} = -\frac{\mathbf{1}}{\mathbf{4}}$

③ $\displaystyle \lim_{x \to 3} \frac{x^3 - 27}{x-3} = \lim_{x \to 3} \frac{(x-3)(x^2+3x+9)}{x-3} = \lim_{x \to 3} (x^2+3x+9) = \mathbf{27}$

④ $\displaystyle \lim_{x \to 1} \frac{\sqrt{1+x} - \sqrt{2}}{x-1} = \lim_{x \to 1} \frac{(1+x)-2}{(x-1)(\sqrt{1+x}+\sqrt{2})} = \lim_{x \to 1} \frac{x-1}{(x-1)(\sqrt{1+x}+\sqrt{2})}$

$\displaystyle = \lim_{x \to 1} \frac{1}{\sqrt{1+x}+\sqrt{2}} = \frac{\mathbf{1}}{\mathbf{2\sqrt{2}}}$

❹の解答

① $\displaystyle \lim_{x \to \infty} \frac{x-2}{2x+1} = \lim_{x \to \infty} \frac{1-\dfrac{2}{x}}{2+\dfrac{1}{x}} = \frac{\mathbf{1}}{\mathbf{2}}$

② $\displaystyle \lim_{x \to \infty} \frac{x-1}{x+3} = \lim_{x \to \infty} \frac{1-\dfrac{1}{x}}{1+\dfrac{3}{x}} = \mathbf{1}$

③ $\displaystyle \lim_{x \to -\infty} \frac{2x^2 - x + 3}{x^2 - 2x - 4} = \lim_{x \to -\infty} \frac{2-\dfrac{1}{x}+\dfrac{3}{x^2}}{1-\dfrac{2}{x}-\dfrac{4}{x^2}} = \mathbf{2}$

④ $\displaystyle \lim_{x \to -\infty} \frac{x^3 + 2}{2x^3 + 5x} = \lim_{x \to -\infty} \frac{1+\dfrac{2}{x^3}}{2+\dfrac{5}{x^2}} = \frac{\mathbf{1}}{\mathbf{2}}$

⑤ $\displaystyle \lim_{x \to \infty} \frac{(3x+1)(x-1)}{x^3 + x - 4} = \lim_{x \to \infty} \frac{3x^2 - 2x - 1}{x^3 + x - 4} = \lim_{x \to \infty} \frac{\dfrac{3}{x}-\dfrac{2}{x^2}-\dfrac{1}{x^3}}{1+\dfrac{1}{x^2}-\dfrac{4}{x^3}} = \mathbf{0}$

44

5 の解答

1 $\displaystyle\lim_{x\to\infty}\left(x^3-4x^2+1\right)=\lim_{x\to\infty}x^3\left(1-\frac{4}{x}+\frac{1}{x^3}\right)=\infty$

2 $\displaystyle\lim_{x\to\infty}\left(x^3-5x^2+3\right)=\lim_{x\to\infty}x^3\left(1-\frac{5}{x}+\frac{3}{x^3}\right)=\infty$

3 $\displaystyle\lim_{x\to-\infty}\left(-4x^3+5x^2+3x+1\right)=\lim_{x\to-\infty}x^3\left(-4+\frac{5}{x}+\frac{3}{x^2}+\frac{1}{x^3}\right)=\infty$

4 $\displaystyle\lim_{x\to-\infty}\left(-2x^3+4x^2+3x-5\right)=\lim_{x\to-\infty}x^3\left(-2+\frac{4}{x}+\frac{3}{x^2}-\frac{5}{x^3}\right)=\infty$

5 $\displaystyle\lim_{x\to\infty}\frac{-2x}{\sqrt{x^2+2}}=\lim_{x\to\infty}\frac{-2}{\sqrt{\dfrac{x^2+2}{x^2}}}=\lim_{x\to\infty}\frac{-2}{\sqrt{1+\dfrac{2}{x^2}}}=\boldsymbol{-2}$

6 $\displaystyle\lim_{x\to\infty}\frac{\sqrt{2x^2-1}}{x}=\lim_{x\to\infty}\sqrt{2-\frac{1}{x^2}}=\boldsymbol{\sqrt{2}}$

6 の解答

1 $\displaystyle\lim_{x\to\infty}\left(\sqrt{x+3}-\sqrt{x}\right)=\lim_{x\to\infty}\frac{\left(\sqrt{x+3}-\sqrt{x}\right)\left(\sqrt{x+3}+\sqrt{x}\right)}{\sqrt{x+3}+\sqrt{x}}$

$\displaystyle\qquad\qquad\qquad\qquad=\lim_{x\to\infty}\frac{(x+3)-x}{\sqrt{x+3}+\sqrt{x}}=\lim_{x\to\infty}\frac{3}{\sqrt{x+3}+\sqrt{x}}=\boldsymbol{0}$

2 $\displaystyle\lim_{x\to\infty}\left(\sqrt{x+2}-\sqrt{x}\right)=\lim_{x\to\infty}\frac{\left(\sqrt{x+2}-\sqrt{x}\right)\left(\sqrt{x+2}+\sqrt{x}\right)}{\sqrt{x+2}+\sqrt{x}}$

$\displaystyle\qquad\qquad\qquad\qquad=\lim_{x\to\infty}\frac{(x+2)-x}{\sqrt{x+2}+\sqrt{x}}=\lim_{x\to\infty}\frac{2}{\sqrt{x+2}+\sqrt{x}}=\boldsymbol{0}$

3 $\displaystyle\lim_{x\to\infty}\left(\sqrt{x^2+3}-x\right)=\lim_{x\to\infty}\frac{\left(\sqrt{x^2+3}-x\right)\left(\sqrt{x^2+3}+x\right)}{\sqrt{x^2+3}+x}=\lim_{x\to\infty}\frac{(x^2+3)-x^2}{\sqrt{x^2+3}+x}$

$\displaystyle\qquad\qquad\qquad\qquad=\lim_{x\to\infty}\frac{3}{\sqrt{x^2+3}+x}=\boldsymbol{0}$

4 $\displaystyle\lim_{x\to\infty}\left(\sqrt{x^2+1}-x\right)=\lim_{x\to\infty}\frac{\left(\sqrt{x^2+1}-x\right)\left(\sqrt{x^2+1}+x\right)}{\sqrt{x^2+1}+x}$

$\displaystyle\qquad\qquad\qquad\qquad=\lim_{x\to\infty}\frac{1}{\sqrt{x^2+1}+x}=\boldsymbol{0}$

7 の解答

①
$$\lim_{x \to \infty} \left(\sqrt{x^2 + x} - x \right) = \lim_{x \to \infty} \frac{\left(\sqrt{x^2 + x} - x \right)\left(\sqrt{x^2 + x} + x \right)}{\sqrt{x^2 + x} + x}$$
$$= \lim_{x \to \infty} \frac{\left(x^2 + x \right) - x^2}{\sqrt{x^2 + x} + x} = \lim_{x \to \infty} \frac{x}{\sqrt{x^2 + x} + x} = \lim_{x \to \infty} \frac{1}{\sqrt{1 + \dfrac{1}{x}} + 1} = \frac{1}{2}$$

②
$$\lim_{x \to \infty} \left(\sqrt{x^2 + 4x} - x \right) = \lim_{x \to \infty} \frac{\left(\sqrt{x^2 + 4x} - x \right)\left(\sqrt{x^2 + 4x} + x \right)}{\sqrt{x^2 + 4x} + x}$$
$$= \lim_{x \to \infty} \frac{\left(x^2 + 4x \right) - x^2}{\sqrt{x^2 + 4x} + x} = \lim_{x \to \infty} \frac{4x}{\sqrt{x^2 + 4x} + x} = \lim_{x \to \infty} \frac{4}{\sqrt{1 + \dfrac{4}{x}} + 1} = 2$$

③
$$\lim_{x \to \infty} \left(\sqrt{x^4 + 2x^2} - x^2 \right) = \lim_{x \to \infty} \frac{\left(\sqrt{x^4 + 2x^2} - x^2 \right)\left(\sqrt{x^4 + 2x^2} + x^2 \right)}{\sqrt{x^2 + 2x^2} + x^2} = \lim_{x \to \infty} \frac{\left(x^4 + 2x^2 \right) - x^4}{\sqrt{x^4 + 2x^2} + x^2}$$
$$= \lim_{x \to \infty} \frac{2x^2}{\sqrt{x^4 + 2x^2} + x^2} = \lim_{x \to \infty} \frac{2}{\sqrt{1 + \dfrac{2}{x^2}} + 1} = 1$$

④
$$\lim_{x \to \infty} \left(\sqrt{x^2 + 3x} - \sqrt{x^2 + x} \right) = \lim_{x \to \infty} \frac{\left(\sqrt{x^2 + 3x} - \sqrt{x^2 + x} \right)\left(\sqrt{x^2 + 3x} + \sqrt{x^2 + x} \right)}{\sqrt{x^2 + 3x} + \sqrt{x^2 + x}}$$
$$= \lim_{x \to \infty} \frac{\left(x^2 + 3x \right) - \left(x^2 + x \right)}{\sqrt{x^2 + 3x} + \sqrt{x^2 + x}} = \lim_{x \to \infty} \frac{2x}{\sqrt{x^2 + 3x} + \sqrt{x^2 + x}} = \lim_{x \to \infty} \frac{2}{\sqrt{1 + \dfrac{3}{x}} + \sqrt{1 + \dfrac{1}{x}}} = 1$$

8 の解答

$[x]$ は x を超えない最大の整数だから，整数 n に対して
$n < a < n+1$ のとき $[a] = n$ となる。

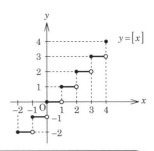

① $2 < \dfrac{5}{2} < 3$ より $\left[\dfrac{5}{2} \right] = 2$

② $-2 < -1.2 < -1$ より $[-1.2] = -2$

③ 右図

④ $\displaystyle \lim_{x \to +0} [x] = 0$

⑤ $\displaystyle \lim_{x \to -0} [x] = -1$

$y = [x]$ なる関数は，整数値で連続でなく，n を任意の整数とするとき $[n, n+1)$ において連続である。

9 の解答

1 右図

2 $\displaystyle\lim_{x\to1-0}[2x]=1$

3 $\displaystyle\lim_{x\to1+0}[2x]=2$

4 $\displaystyle\lim_{x\to1-0}\frac{[2x]}{1+x^2}=\frac{1}{2}$

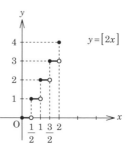

$[x]=(x$を超えない最大の整数$)$とすると，整数nに対して，
$n<a<n+1$のとき

$$\lim_{x\to a+0}[x]=\lim_{x\to a-0}[x]=n$$

すなわち，$\displaystyle\lim_{x\to a}[x]=[a]=n$であるが

$$\lim_{x\to n+0}[x]=n,\quad \lim_{x\to n-0}[x]=n-1$$

で$\displaystyle\lim_{x\to n}[x]$は存在しない。

10 の解答

$$|x|=\begin{cases} x & (x\geqq0) \\ -x & (x<0) \end{cases} \text{より}$$

1 $\displaystyle\lim_{x\to+0}\frac{x}{|x|}=\lim_{x\to+0}\frac{x}{x}=\lim_{x\to+0}1=1$

2 $\displaystyle\lim_{x\to-0}\frac{x}{|x|}=\lim_{x\to-0}\left(\frac{x}{-x}\right)=\lim_{x\to-0}(-1)=-1$

11 の解答

1 $\displaystyle\lim_{x\to 0}\frac{\sin 2x}{x}=\lim_{x\to 0}\frac{2\sin 2x}{2x}=2\lim_{x\to 0}\frac{\sin 2x}{2x}=2\cdot 1=\boldsymbol{2}$

2 $\displaystyle\lim_{x\to 0}\frac{\sin 3x}{\tan 4x}=\lim_{x\to 0}\frac{\sin 3x}{\dfrac{\sin 4x}{\cos 4x}}=\lim_{x\to 0}\frac{\sin 3x\cdot\cos 4x}{\sin 4x}$

$$=\lim_{x\to 0}\left(\frac{\sin 3x}{3x}\cdot\frac{4x}{\sin 4x}\cdot\cos 4x\cdot\frac{3}{4}\right)=1\cdot 1\cdot 1\cdot\frac{3}{4}=\boldsymbol{\frac{3}{4}}$$

3 $\displaystyle\lim_{x\to 0}\frac{\sin 5x}{\sin 2x}=\lim_{x\to 0}\frac{\dfrac{\sin 5x}{5x}}{\dfrac{\sin 2x}{2x}}\cdot\frac{5}{2}=\boldsymbol{\frac{5}{2}}$

$$\left(\lim_{x\to 0}\frac{\sin 5x}{\sin 2x}=\lim_{x\to 0}\frac{5}{2}\cdot\frac{\sin 5x}{5x}\cdot\frac{2x}{\sin 2x}=\boldsymbol{\frac{5}{2}}\right)$$

4 $\displaystyle\lim_{x\to 0}\frac{\tan x}{x}=\lim_{x\to 0}\frac{\sin x}{x}\cdot\frac{1}{\cos x}=\lim_{x\to 0}\frac{\sin x}{x}\cdot\lim_{x\to 0}\frac{1}{\cos x}=\boldsymbol{1}$

5 $\displaystyle\lim_{x\to 0}\frac{\tan ax}{\tan bx}=\lim_{x\to 0}\frac{\sin ax}{\cos ax}\cdot\frac{\cos bx}{\sin bx}$

$$=\lim_{x\to 0}\frac{\sin ax}{ax}\cdot\frac{1}{\cos ax}\cdot\frac{bx}{\sin bx}\cdot\cos bx\cdot\frac{a}{b}=\boldsymbol{\frac{a}{b}}$$

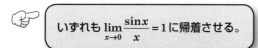

いずれも $\displaystyle\lim_{x\to 0}\frac{\sin x}{x}=1$ に帰着させる。

12 の解答

1 $\displaystyle\lim_{x\to 0}\frac{\cos x-1}{x}=\lim_{x\to 0}\frac{\cos x-1}{x}\cdot\frac{\cos x+1}{\cos x+1}=\lim_{x\to 0}\frac{-\sin^2 x}{x(\cos x+1)}$

$$=\lim_{x\to 0}\left(-\frac{\sin x}{x}\right)\cdot\frac{\sin x}{\cos x+1}=-1\cdot 0=\boldsymbol{0}$$

2 $\displaystyle\lim_{x\to 0}\frac{1-\cos x}{x^2}=\lim_{x\to 0}\frac{\sin^2 x}{x^2(1+\cos x)}=\lim_{x\to 0}\left(\frac{\sin x}{x}\right)^2\cdot\frac{1}{1+\cos x}=\boldsymbol{\frac{1}{2}}$

3 $\displaystyle\lim_{x\to 0}\frac{1-\cos 2x}{x^2}=\lim_{x\to 0}\frac{\sin^2 2x}{x^2(1+\cos 2x)}=\lim_{x\to 0}\left(\frac{\sin 2x}{2x}\right)^2\cdot\frac{4}{1+\cos 2x}=\boldsymbol{2}$

13 の解答

❶ $0 \leq |\cos x| \leq 1$ より $0 \leq \left|\dfrac{\cos x}{x}\right| \leq \dfrac{1}{|x|}$

$$\lim_{x \to \infty} \frac{\cos x}{x} = \mathbf{0}$$

14 の解答

❶ 関数 $\dfrac{x^n - a^n}{x - a}$ は $x=a$ 以外で定義され，$x=a$ 以外で

$$\frac{x^n - a^n}{x - a} = x^{n-1} + x^{n-2}a + \cdots + a^{n-1}$$

したがって

$$\lim_{x \to a} \frac{x^n - a^n}{x - a} = \lim_{x \to a} \frac{(x-a)(x^{n-1} + x^{n-2}a + \cdots + a^{n-1})}{x - a}$$

$$= \lim_{x \to a} \left(x^{n-1} + x^{n-2}a + \cdots + a^{n-1} \right) = a^{n-1} \cdot n = \boldsymbol{na^{n-1}}$$

15 の解答

❶ $y = x^2 \ (x = 1)$ $\quad f(x) = x^2$ とおく。

$$f'(1) = \lim_{h \to 0} \frac{f(1+h) - f(1)}{h} = \lim_{h \to 0} \frac{(1+h)^2 - 1^2}{h} = \lim_{h \to 0}(2 + h) = \mathbf{2}$$

❷ $y = x^3 \ (x = -1)$ $\quad f(x) = x^3$ とおく。

$$f'(-1) = \lim_{h \to 0} \frac{f(-1+h) - f(-1)}{h} = \lim_{h \to 0} \frac{(-1+h)^3 - (-1)^3}{h}$$

$$= \lim_{h \to 0} \frac{-1 + 3h - 3h^2 + h^3 - (-1)}{h} = \lim_{h \to 0}(3 - 3h + h^2) = \mathbf{3}$$

16の解答

いずれの関数も $y = f(x)$ とおく。

① $y = 2x^2 \quad (x = 1)$

$$f'(1) = \lim_{h \to 0} \frac{f(1+h) - f(1)}{h} = \lim_{h \to 0} \frac{2(1+h)^2 - 2 \cdot 1^2}{h}$$

$$= \lim_{h \to 0} 2 \cdot \frac{(1+h)^2 - 1}{h} = \lim_{h \to 0} 2(2+h) = \mathbf{4}$$

② $y = \dfrac{1}{4} x^3 \quad (x = -2)$

$$f'(-2) = \lim_{h \to 0} \frac{f(-2+h) - f(-2)}{h} = \lim_{h \to 0} \frac{\dfrac{1}{4}(-2+h)^3 - \dfrac{1}{4}(-2)^3}{h}$$

$$= \frac{1}{4} \lim_{h \to 0} \frac{(-2+h)^3 - (-2)^3}{h} = \frac{1}{4} \lim_{h \to 0} \frac{(-8+12h-6h^2+h^3) - (-8)}{h}$$

$$= \frac{1}{4} \lim_{h \to 0} (12 - 6h + h^2) = \frac{1}{4} \cdot 12 = \mathbf{3}$$

11
∫
20

17 の解答

いずれの関数も $y = f(x)$ とおく。 $f'(x) = \lim_{h \to 0} \dfrac{f(x+h) - f(x)}{h}$ より

❶ $f(x) = x$

$$f'(x) = \lim_{h \to 0} \frac{(x+h) - x}{h} = \lim_{h \to 0} \frac{h}{h} = \lim_{h \to 0} 1 = \boldsymbol{1}$$

❷ $f(x) = x^2$

$$f'(x) = \lim_{h \to 0} \frac{(x+h)^2 - x^2}{h} = \lim_{h \to 0} \frac{x^2 + 2xh + h^2 - x^2}{h} = \lim_{h \to 0} (2x + h) = \boldsymbol{2x}$$

❸ $f(x) = k$

$$f'(x) = \lim_{h \to 0} \frac{k - k}{h} = \boldsymbol{0}$$

❹ $f(x) = x^n$

$$f'(x) = \lim_{h \to 0} \frac{(x+h)^n - x^n}{h}$$

$$= \lim_{h \to 0} \frac{1}{h} \left\{ \left({}_nC_0 x^n + {}_nC_1 x^{n-1}h + {}_nC_2 x^{n-2}h^2 + \cdots + {}_nC_{n-1} xh^{n-1} + {}_nC_n h^n \right) - x^n \right\}$$

$$= \lim_{h \to 0} \left({}_nC_1 x^{n-1} + {}_nC_2 x^{n-2}h + \cdots + {}_nC_{n-1} xh^{n-2} + {}_nC_n h^{n-1} \right)$$

$$= {}_nC_1 x^{n-1} = \boldsymbol{nx^{n-1}}$$

18 の解答

いずれの関数も $y = f(x)$ とおく。

① $f(x) = 3x^2 + 1$

$$f'(x) = \lim_{h \to 0} \frac{\left\{3(x+h)^2 + 1\right\} - \left(3x^2 + 1\right)}{h} = \lim_{h \to 0} \frac{3\left(x^2 + 2xh + h^2\right) - 3x^2}{h}$$

$$= \lim_{h \to 0} \frac{6xh + 3h^2}{h} = \lim_{h \to 0} (6x + 3h) = \boldsymbol{6x}$$

11 〜 20

② $f(x) = \dfrac{1}{x}$

$$f'(x) = \lim_{h \to 0} \frac{\dfrac{1}{x+h} - \dfrac{1}{x}}{h} = \lim_{h \to 0} \frac{1}{h}\left(\frac{1}{x+h} - \frac{1}{x}\right)$$

$$= \lim_{h \to 0} \frac{1}{h} \cdot \frac{x - (x+h)}{(x+h)x} = \lim_{h \to 0} \frac{-h}{h(x+h)x} = \lim_{h \to 0} \frac{-1}{(x+h)x} = -\frac{\boldsymbol{1}}{\boldsymbol{x^2}}$$

③ $f(x) = \dfrac{3}{x^2}$

$$f'(x) = \lim_{h \to 0} \frac{\dfrac{3}{(x+h)^2} - \dfrac{3}{x^2}}{h} = \lim_{h \to 0} \frac{1}{h}\left\{\frac{3}{(x+h)^2} - \frac{3}{x^2}\right\}$$

$$= \lim_{h \to 0} \frac{1}{h} \cdot \frac{3\left\{x^2 - (x+h)^2\right\}}{(x+h)^2 x^2} = \lim_{h \to 0} \frac{3(-2x - h)}{(x+h)^2 x^2} = \frac{-6x}{x^4} = -\frac{\boldsymbol{6}}{\boldsymbol{x^3}}$$

④ $f(x) = \sqrt{x}$

$$f'(x) = \lim_{h \to 0} \frac{\sqrt{x+h} - \sqrt{x}}{h} = \lim_{h \to 0} \frac{\left(\sqrt{x+h} - \sqrt{x}\right)\left(\sqrt{x+h} + \sqrt{x}\right)}{h\left(\sqrt{x+h} + \sqrt{x}\right)}$$

$$= \lim_{h \to 0} \frac{(x+h) - x}{h\left(\sqrt{x+h} + \sqrt{x}\right)} = \lim_{h \to 0} \frac{1}{\sqrt{x+h} + \sqrt{x}} = \frac{\boldsymbol{1}}{\boldsymbol{2\sqrt{x}}}$$

19の解答

いずれの関数も $\left(x^n\right)' = nx^{n-1}$ (n は自然数) であることを用いる。

❶ $y = 3$ $\qquad$ $y' = 0$

❷ $y = x$ $\qquad$ $y' = 1$

❸ $y = x^2$ $\qquad$ $y' = 2x$

❹ $y = x^3$ $\qquad$ $y' = 3x^2$

❺ $y = 2x^3$ $\qquad$ $y' = 2 \cdot 3x^2 = 6x^2$

❻ $y = -x^4$ $\qquad$ $y' = -4x^3$

❼ $y = -5x^2$ $\qquad$ $y' = -5 \cdot 2x = -10x$

❽ $y = -\dfrac{2}{3}x^3$ $\qquad$ $y' = -\dfrac{2}{3} \cdot 3x^2 = -2x^2$

❾ $y = x^3 + x^2 + x + 1$

$y' = \left(x^3 + x^2 + x + 1\right)' = \left(x^3\right)' + \left(x^2\right)' + \left(x\right)' + \left(1\right)' = 3x^2 + 2x + 1$

❿ $y = 4x^3 - 5x^2 + 3x - 2$

$y' = \left(4x^3 - 5x^2 + 3x - 2\right)' = 4 \cdot 3x^2 - 5 \cdot 2x + 3 \cdot 1 = 12x^2 - 10x + 3$

20 の解答

いずれの関数も $\left(x^m\right)' = mx^{m-1}$ (m は整数) であることを用いる。

❶ $y = \dfrac{3}{x} = 3x^{-1}$

$y' = \left(3x^{-1}\right)' = 3(-1)\cdot x^{-2} = -\dfrac{3}{x^2}$

❷ $y = -\dfrac{5}{x} = -5x^{-1}$

$y' = \left(-5x^{-1}\right)' = -5(-1)\cdot x^{-2} = \dfrac{5}{x^2}$

❸ $y = \dfrac{2}{x^2} = 2x^{-2}$

$y' = \left(2x^{-2}\right)' = 2(-2)\cdot x^{-3} = -\dfrac{4}{x^3}$

❹ $y = -\dfrac{4}{x^2} = -4x^{-2}$

$y' = \left(-4x^{-2}\right)' = -4(-2)\cdot x^{-3} = \dfrac{8}{x^3}$

❺ $y = \dfrac{1}{3x^2} = \dfrac{1}{3}x^{-2}$

$y' = \left(\dfrac{1}{3}x^{-2}\right)' = \dfrac{1}{3}(-2)\cdot x^{-3} = -\dfrac{2}{3x^3}$

❻ $y = -\dfrac{5}{4x^3} = -\dfrac{5}{4}x^{-3}$

$y' = \left(-\dfrac{5}{4}x^{-3}\right)' = -\dfrac{5}{4}(-3)\cdot x^{-4} = \dfrac{15}{4x^4}$

21 の解答

1 $y = \dfrac{4}{x}$

$$y' = \left(\dfrac{4}{x}\right)' = \dfrac{(4)'\,x - 4(x)'}{x^2} = \dfrac{0 - 4}{x^2} = -\dfrac{\boldsymbol{4}}{\boldsymbol{x^2}}$$

2 $y = -\dfrac{5}{x^2}$

$$y' = \left(-\dfrac{5}{x^2}\right)' = -\dfrac{0 - 5 \cdot 2x}{\left(x^2\right)^2} = \dfrac{10x}{x^4} = \dfrac{\boldsymbol{10}}{\boldsymbol{x^3}}$$

3 $y = \dfrac{2}{x^3}$

$$y' = \left(\dfrac{2}{x^3}\right)' = \dfrac{-2 \cdot 3x^2}{\left(x^3\right)^2} = \dfrac{-6x^2}{x^6} = -\dfrac{\boldsymbol{6}}{\boldsymbol{x^4}}$$

4 $y = -\dfrac{7}{x^3}$

$$y' = \left(-\dfrac{7}{x^3}\right)' = -\dfrac{-7 \cdot 3x^2}{x^6} = \dfrac{\boldsymbol{21}}{\boldsymbol{x^4}}$$

5 $y = -\dfrac{8}{x^6}$

$$y' = \left(-\dfrac{8}{x^6}\right)' = -\dfrac{-8 \cdot 6x^5}{x^{12}} = \dfrac{\boldsymbol{48}}{\boldsymbol{x^7}}$$

21
〜
30

22 の解答

① $y = (x+7)(x^2+1)$

$y' = (x+7)'(x^2+1) + (x+7)(x^2+1)' = 1(x^2+1) + (x+7)\cdot 2x$

$= x^2 + 1 + 2x^2 + 14x = \boldsymbol{3x^2 + 14x + 1}$

② $y = (x^2-5)(3x+5)$

$y' = (x^2-5)'(3x+5) + (x^2-5)(3x+5)' = 2x(3x+5) + (x^2-5)\cdot 3$

$= 6x^2 + 10x + 3x^2 - 15 = \boldsymbol{9x^2 + 10x - 15}$

③ $y = \dfrac{x+3}{x+1}$

$y' = \left(\dfrac{x+3}{x+1}\right)' = \dfrac{(x+3)'(x+1) - (x+3)(x+1)'}{(x+1)^2} = \dfrac{x+1-(x+3)}{(x+1)^2} = \dfrac{-2}{(x+1)^2}$

④ $y = \dfrac{x+4}{x^2+7}$

$y' = \left(\dfrac{x+4}{x^2+7}\right)' = \dfrac{(x+4)'(x^2+7) - (x+4)(x^2+7)'}{(x^2+7)^2} = \dfrac{x^2+7-(x+4)\cdot 2x}{(x^2+7)^2}$

$= \dfrac{x^2+7-2x^2-8x}{(x^2+7)^2} = \dfrac{-x^2-8x+7}{(x^2+7)^2}$

⑤ $y = \dfrac{3x^2+5}{1+x^2}$

$y' = \left(\dfrac{3x^2+5}{1+x^2}\right)' = \dfrac{6x(1+x^2) - (3x^2+5)\cdot 2x}{(1+x^2)^2} = \dfrac{6x+6x^3-6x^3-10x}{(1+x^2)^2} = \dfrac{-4x}{(1+x^2)^2}$

⑥ $y = \dfrac{5x+1}{4+x+x^3}$

$y' = \left(\dfrac{5x+1}{4+x+x^3}\right)' = \dfrac{5(4+x+x^3) - (5x+1)(1+3x^2)}{(4+x+x^3)^2}$

$= \dfrac{20+5x+5x^3-(5x+15x^3+1+3x^2)}{(4+x+x^3)^2} = \dfrac{-10x^3-3x^2+19}{(4+x+x^3)^2}$

23 の解答

1 $y = (x+5)^3$

$y' = 3(x+5)^2(x+5)' = \boldsymbol{3(x+5)^2}$

2 $y = (x-7)^5$

$y' = 5(x-7)^4(x-7)' = \boldsymbol{5(x-7)^4}$

3 $y = (3x+2)^4$

$y' = 4(3x+2)^3(3x+2)' = 4(3x+2)^3 \cdot 3 = \boldsymbol{12(3x+2)^3}$

4 $y = (5x-1)^3$

$y' = 3(5x-1)^2(5x-1)' = 3(5x-1)^2 \cdot 5 = \boldsymbol{15(5x-1)^2}$

5 $y = (-x+3)^6$

$y' = 6(-x+3)^5(-x+3)' = 6(-x+3)^5(-1) = \boldsymbol{-6(-x+3)^5}$

6 $y = (x^2-1)^4$

$y' = 4(x^2-1)^3(x^2-1)' = 4(x^2-1)^3 \cdot 2x = \boldsymbol{8x(x^2-1)^3}$

7 $y = (3x^2+5)^4$

$y' = 4(3x^2+5)^3(3x^2+5)' = 4(3x^2+5)^3 \cdot 6x = \boldsymbol{24x(3x^2+5)^3}$

8 $y = (x^2+x+1)^6$

$y' = 6(x^2+x+1)^5(x^2+x+1)' = \boldsymbol{6(x^2+x+1)^5(2x+1)}$

9 $y = (3x^2-5x+4)^2$

$y' = 2(3x^2-5x+4)(3x^2-5x+4)' = \boldsymbol{2(3x^2-5x+4)(6x-5)}$

10 $y = (5x^3-2x^2)^3$

$y' = 3(5x^3-2x^2)^2(5x^3-2x^2)' = 3(5x^3-2x^2)^2(15x^2-4x)$

$(= 3x^4(5x-2)^2 \cdot x(15x-4) = \boldsymbol{3x^5(5x-2)^2(15x-4)})$

24の解答

❶ $y = \dfrac{1}{\left(x+5\right)^2} = \left(x+5\right)^{-2}$

$y' = -2\left(x+5\right)^{-3}\left(x+5\right)' = \dfrac{-2}{\left(x+5\right)^3}$

❷ $y = \dfrac{2}{\left(x-7\right)^3} = 2\left(x-7\right)^{-3}$

$y' = 2\left(-3\right)\left(x-7\right)^{-4}\left(x-7\right)' = -\dfrac{6}{\left(x-7\right)^4}$

❸ $y = \dfrac{1}{\left(2x+3\right)^3} = \left(2x+3\right)^{-3}$

$y' = -3\left(2x+3\right)^{-4}\left(2x+3\right)' = -3\left(2x+3\right)^{-4} \cdot 2 = -\dfrac{6}{\left(2x+3\right)^4}$

❹ $y = \dfrac{3}{\left(3x-4\right)^2} = 3\left(3x-4\right)^{-2}$

$y' = 3\left(-2\right)\left(3x-4\right)^{-3}\left(3x-4\right)' = -6\left(3x-4\right)^{-3} \cdot 3 = -\dfrac{18}{\left(3x-4\right)^3}$

❺ $y = \dfrac{1}{\left(x^2-1\right)^3} = \left(x^2-1\right)^{-3}$

$y' = -3\left(x^2-1\right)^{-4}\left(x^2-1\right)' = -3\left(x^2-1\right)^{-4} \cdot 2x = -\dfrac{6x}{\left(x^2-1\right)^4}$

❻ $y = \dfrac{1}{\left(3x^4-1\right)^2} = \left(3x^4-1\right)^{-2}$

$y' = -2\left(3x^4-1\right)^{-3}\left(3x^4-1\right)' = -2\left(3x^4-1\right)^{-3} \cdot 12x^3 = -\dfrac{24x^3}{\left(3x^4-1\right)^3}$

21
〜
30

25 の解答

① $y = \sqrt{x} = x^{\frac{1}{2}}$

$$y' = \left(x^{\frac{1}{2}}\right)' = \frac{1}{2}x^{-\frac{1}{2}} = \frac{1}{2\sqrt{x}}$$

② $y = x\sqrt{x} = x^{\frac{3}{2}}$

$$y' = \left(x^{\frac{3}{2}}\right)' = \frac{3}{2}x^{\frac{1}{2}} = \frac{3}{2}\sqrt{x}$$

③ $y = \sqrt[3]{x} = x^{\frac{1}{3}}$

$$y' = \left(x^{\frac{1}{3}}\right)' = \frac{1}{3}x^{-\frac{2}{3}} = \frac{1}{3\sqrt[3]{x^2}}$$

④ $y = \sqrt[3]{x^2} = x^{\frac{2}{3}}$

$$y' = \left(x^{\frac{2}{3}}\right)' = \frac{2}{3}x^{-\frac{1}{3}} = \frac{2}{3\sqrt[3]{x}}$$

⑤ $y = \dfrac{1}{\sqrt{x}} = x^{-\frac{1}{2}}$

$$y' = \left(x^{-\frac{1}{2}}\right)' = -\frac{1}{2}x^{-\frac{3}{2}} = -\frac{1}{2x\sqrt{x}}$$

⑥ $y = \dfrac{1}{x\sqrt{x}} = x^{-\frac{3}{2}}$

$$y' = \left(x^{-\frac{3}{2}}\right)' = -\frac{3}{2}x^{-\frac{5}{2}} = -\frac{3}{2x^2\sqrt{x}}$$

⑦ $y = \dfrac{1}{\sqrt[3]{x}} = x^{-\frac{1}{3}}$

$$y' = \left(x^{-\frac{1}{3}}\right)' = -\frac{1}{3}x^{-\frac{4}{3}} = -\frac{1}{3x\sqrt[3]{x}}$$

⑧ $y = \dfrac{1}{x^2\sqrt{x}} = x^{-\frac{5}{2}}$

$$y' = \left(x^{-\frac{5}{2}}\right)' = -\frac{5}{2}x^{-\frac{7}{2}} = -\frac{5}{2x^3\sqrt{x}}$$

26 の解答

1 $y = x^2 \sqrt{x} = x^{\frac{5}{2}}$

$$y' = \left(x^{\frac{5}{2}}\right)' = \frac{5}{2}x^{\frac{3}{2}} = \frac{5}{2}x\sqrt{x}$$

2 $y = -x^3 \sqrt[3]{x} = -x^{\frac{10}{3}}$

$$y' = \left(-x^{\frac{10}{3}}\right)' = -\frac{10}{3}x^{\frac{7}{3}} = -\frac{10}{3}x^2\sqrt[3]{x}$$

3 $y = 3x\sqrt[4]{x} = 3x^{\frac{5}{4}}$

$$y' = \left(3x^{\frac{5}{4}}\right)' = 3\cdot\frac{5}{4}x^{\frac{1}{4}} = \frac{15}{4}\sqrt[4]{x}$$

4 $y = \dfrac{1}{\sqrt[4]{x}} = x^{-\frac{1}{4}}$

$$y' = \left(x^{-\frac{1}{4}}\right)' = -\frac{1}{4}x^{-\frac{5}{4}} = -\frac{1}{4x\sqrt[4]{x}}$$

5 $y = (x+2)\sqrt{x} = (x+2)x^{\frac{1}{2}} = x^{\frac{3}{2}} + 2x^{\frac{1}{2}}$

$$y' = \left(x^{\frac{3}{2}}\right)' + 2\left(x^{\frac{1}{2}}\right)' = \frac{3}{2}x^{\frac{1}{2}} + 2\cdot\frac{1}{2}x^{-\frac{1}{2}} = \frac{3}{2}\sqrt{x} + \frac{1}{\sqrt{x}}$$

6 $y = \dfrac{2x+3}{\sqrt{x}} = (2x+3)x^{-\frac{1}{2}} = 2x^{\frac{1}{2}} + 3x^{-\frac{1}{2}}$

$$y' = 2\left(x^{\frac{1}{2}}\right)' + 3\left(x^{-\frac{1}{2}}\right)' = 2\cdot\frac{1}{2}x^{-\frac{1}{2}} + 3\left(-\frac{1}{2}\right)x^{-\frac{3}{2}} = \frac{1}{\sqrt{x}} - \frac{3}{2x\sqrt{x}}$$

7 $y = \dfrac{3\sqrt{x}-1}{x} = (3\sqrt{x}-1)x^{-1} = \left(3x^{\frac{1}{2}}-1\right)x^{-1} = 3x^{-\frac{1}{2}} - x^{-1}$

$$y' = 3\left(x^{-\frac{1}{2}}\right)' - \left(x^{-1}\right)' = 3\left(-\frac{1}{2}\right)x^{-\frac{3}{2}} - (-1)x^{-2} = -\frac{3}{2}x^{-\frac{3}{2}} + x^{-2} = -\frac{3}{2x\sqrt{x}} + \frac{1}{x^2}$$

21 〜 30

1 $y = \sqrt{x+1} = (x+1)^{\frac{1}{2}}$

$y' = \dfrac{1}{2}(x+1)^{-\frac{1}{2}}(x+1)' = \dfrac{1}{2\sqrt{x+1}}$

2 $y = \sqrt{x^2+3} = (x^2+3)^{\frac{1}{2}}$

$y' = \dfrac{1}{2}(x^2+3)^{-\frac{1}{2}}(x^2+3)' = \dfrac{1}{2}(x^2+3)^{-\frac{1}{2}} \cdot 2x = \dfrac{x}{\sqrt{x^2+3}}$

3 $y = \sqrt[3]{2x+3} = (2x+3)^{\frac{1}{3}}$

$y' = \dfrac{1}{3}(2x+3)^{-\frac{2}{3}}(2x+3)' = \dfrac{1}{3}(2x+3)^{-\frac{2}{3}} \cdot 2 = \dfrac{2}{3\sqrt[3]{(2x+3)^2}}$

4 $y = \sqrt[5]{(3x+1)^2} = (3x+1)^{\frac{2}{5}}$

$y' = \dfrac{2}{5}(3x+1)^{-\frac{3}{5}}(3x+1)' = \dfrac{2}{5}(3x+1)^{-\frac{3}{5}} \cdot 3 = \dfrac{6}{5\sqrt[5]{(3x+1)^3}}$

5 $y = \sqrt[3]{(-3x+2)^2} = (-3x+2)^{\frac{2}{3}}$

$y' = \dfrac{2}{3}(-3x+2)^{-\frac{1}{3}}(-3x+2)' = \dfrac{2}{3}(-3x+2)^{-\frac{1}{3}}(-3) = -\dfrac{2}{\sqrt[3]{-3x+2}}$

6 $y = \dfrac{1}{\sqrt{x+3}} = (x+3)^{-\frac{1}{2}}$

$y' = -\dfrac{1}{2}(x+3)^{-\frac{3}{2}}(x+3)' = -\dfrac{1}{2(x+3)\sqrt{x+3}}$

7 $y = \dfrac{1}{\sqrt{x^2-1}} = (x^2-1)^{-\frac{1}{2}}$

$y' = -\dfrac{1}{2}(x^2-1)^{-\frac{3}{2}}(x^2-1)' = -\dfrac{1}{2}(x^2-1)^{-\frac{3}{2}} \cdot 2x = -\dfrac{x}{(x^2-1)\sqrt{x^2-1}}$

8 $y = \dfrac{1}{\sqrt[3]{2x+3}} = (2x+3)^{-\frac{1}{3}}$

$y' = -\dfrac{1}{3}(2x+3)^{-\frac{4}{3}}(2x+3)' = -\dfrac{1}{3}(2x+3)^{-\frac{4}{3}} \cdot 2 = -\dfrac{2}{3(2x+3)\sqrt[3]{2x+3}}$

28 の解答

❶ $y = x\sqrt{2x+1} = x(2x+1)^{\frac{1}{2}}$

$$y' = \left\{ x(2x+1)^{\frac{1}{2}} \right\}' = (x)'(2x+1)^{\frac{1}{2}} + x\left\{ (2x+1)^{\frac{1}{2}} \right\}'$$

$$= (2x+1)^{\frac{1}{2}} + x \cdot \frac{1}{2}(2x+1)^{-\frac{1}{2}} \cdot 2 = \sqrt{2x+1} + \frac{x}{\sqrt{2x+1}} = \frac{3x+1}{\sqrt{2x+1}}$$

❷ $y = x^2\sqrt[3]{3x-4} = x^2(3x-4)^{\frac{1}{3}}$

$$y' = \left\{ x^2(3x-4)^{\frac{1}{3}} \right\}' = 2x(3x-4)^{\frac{1}{3}} + x^2 \cdot \frac{1}{3}(3x-4)^{-\frac{2}{3}} \cdot 3$$

$$= 2x\sqrt[3]{3x-4} + \frac{x^2}{\sqrt[3]{(3x-4)^2}} = \frac{2x\sqrt[3]{(3x-4)^3} + x^2}{\sqrt[3]{(3x-4)^2}} = \frac{x(7x-8)}{\sqrt[3]{(3x-4)^2}}$$

❸ $y = (x^2-3)\sqrt{2x+1} = (x^2-3)(2x+1)^{\frac{1}{2}}$

$$y' = 2x(2x+1)^{\frac{1}{2}} + (x^2-3) \cdot \frac{1}{2}(2x+1)^{-\frac{1}{2}} \cdot 2 = 2x\sqrt{2x+1} + \frac{x^2-3}{\sqrt{2x+1}}$$

$$= \frac{2x(2x+1) + x^2 - 3}{\sqrt{2x+1}} = \frac{5x^2 + 2x - 3}{\sqrt{2x+1}} = \frac{(5x-3)(x+1)}{\sqrt{2x+1}}$$

❹ $y = \dfrac{\sqrt{x+1}}{x+2} = \dfrac{(x+1)^{\frac{1}{2}}}{x+2}$

$$y' = \frac{\dfrac{1}{2}(x+1)^{-\frac{1}{2}}(x+2) - (x+1)^{\frac{1}{2}} \cdot 1}{(x+2)^2} = \frac{(x+1)^{-\frac{1}{2}}(x+2) - 2(x+1)^{\frac{1}{2}}}{2(x+2)^2}$$

$$= \frac{x+2 - 2(x+1)}{2(x+1)^{\frac{1}{2}}(x+2)^2} = \frac{-x}{2\sqrt{x+1}(x+2)^2}$$

❺ $y = \dfrac{x+1}{\sqrt{x-3}}$

$$y' = \frac{\sqrt{x-3} - (x+1)(\sqrt{x-3})'}{x-3} = \frac{\sqrt{x-3} - (x+1)\left\{ (x-3)^{\frac{1}{2}} \right\}'}{x-3}$$

$$= \frac{\sqrt{x-3} - (x+1) \cdot \frac{1}{2}(x-3)^{-\frac{1}{2}}}{x-3} = \frac{(x-3) - \frac{1}{2}(x+1)}{(x-3)\sqrt{x-3}} = \frac{x-7}{2(x-3)\sqrt{x-3}}$$

6 $y = \dfrac{x}{\sqrt{2x-1}}$

$y' = \dfrac{\sqrt{2x-1} - x\left(\sqrt{2x-1}\right)'}{2x-1} = \dfrac{\sqrt{2x-1} - x\left\{(2x-1)^{\frac{1}{2}}\right\}'}{2x-1}$

$= \dfrac{\sqrt{2x-1} - x \cdot \dfrac{1}{2}(2x-1)^{-\frac{1}{2}} \cdot 2}{2x-1} = \dfrac{\sqrt{2x-1} - x(2x-1)^{-\frac{1}{2}}}{2x-1}$

$= \dfrac{(2x-1) - x}{(2x-1)\sqrt{2x-1}} = \dfrac{\boldsymbol{x-1}}{\boldsymbol{(2x-1)\sqrt{2x-1}}}$

21 ∫ 30

7 $y = \dfrac{x}{\sqrt{1+x^2}}$

$y' = \dfrac{\sqrt{1+x^2} - x\left(\sqrt{1+x^2}\right)'}{1+x^2} = \dfrac{\sqrt{1+x^2} - x \cdot \dfrac{1}{2}(1+x^2)^{-\frac{1}{2}} \cdot 2x}{1+x^2}$

$= \dfrac{\sqrt{1+x^2} - x^2(1+x^2)^{-\frac{1}{2}}}{1+x^2} = \dfrac{1+x^2 - x^2}{(1+x^2)\sqrt{1+x^2}} = \dfrac{\boldsymbol{1}}{\boldsymbol{(1+x^2)\sqrt{1+x^2}}}$

29 の解答

1 $y = 3\sin x$

$y' = 3(\sin x)' = \mathbf{3\cos x}$

2 $y = -4\cos x$

$y' = -4(\cos x)' = -4(-\sin x) = \mathbf{4\sin x}$

3 $y = 5\tan x$

$y' = 5(\tan x)' = \dfrac{\mathbf{5}}{\mathbf{\cos^2 x}}$

4 $y = \sin^3 x$

$y' = (\sin^3 x)' = 3\sin^2 x(\sin x)' = \mathbf{3\sin^2 x\cos x}$

5 $y = \cos^5 x$

$y' = (\cos^5 x)' = 5\cos^4 x(\cos x)' = \mathbf{-5\cos^4 x\sin x}$

6 $y = \tan^2 x$

$y' = (\tan^2 x)' = 2\tan x(\tan x)' = \dfrac{\mathbf{2\tan x}}{\mathbf{\cos^2 x}}$

7 $y = \sin 2x$

$y' = (\sin 2x)' = \cos 2x(2x)' = \mathbf{2\cos 2x}$

8 $y = \cos 3x$

$y' = (\cos 3x)' = -\sin 3x(3x)' = \mathbf{-3\sin 3x}$

9 $y = \tan 4x$

$y' = (\tan 4x)' = \dfrac{1}{\cos^2 4x}(4x)' = \dfrac{\mathbf{4}}{\mathbf{\cos^2 4x}}$

10 $y = \sin\dfrac{1}{2}x$

$y' = \left(\sin\dfrac{1}{2}x\right)' = \cos\dfrac{1}{2}x\left(\dfrac{1}{2}x\right)' = \dfrac{\mathbf{1}}{\mathbf{2}}\cos\dfrac{\mathbf{1}}{\mathbf{2}}x$

11 $y = \cos\dfrac{2}{3}x$

$y' = \left(\cos\dfrac{2}{3}x\right)' = -\sin\dfrac{2}{3}x\left(\dfrac{2}{3}x\right)' = \mathbf{-\dfrac{2}{3}\sin\dfrac{2}{3}x}$

12 $y = \tan\dfrac{1}{4}x$

$y' = \left(\tan\dfrac{1}{4}x\right)' = \dfrac{1}{\cos^2\dfrac{1}{4}x}\left(\dfrac{1}{4}x\right)' = \dfrac{\mathbf{1}}{\mathbf{4\cos^2\dfrac{1}{4}x}}$

21 ～ 30

❶ $y = \sin(2x+3)$

$y' = \cos(2x+3)(2x+3)' = \mathbf{2\cos(2x+3)}$

❷ $y = \cos(3x+5)$

$y' = -\sin(3x+5)(3x+5)' = \mathbf{-3\sin(3x+5)}$

❸ $y = \tan(x+5)$

$y' = \dfrac{\mathbf{1}}{\mathbf{\cos^2(x+5)}}$

❹ $y = \sin(-x+7)$

$y' = \cos(-x+7)(-x+7)' = \mathbf{-\cos(-x+7)}$

❺ $y = \cos\left(\dfrac{1}{2}x+4\right)$

$y' = -\sin\left(\dfrac{1}{2}x+4\right)\left(\dfrac{1}{2}x+4\right)' = \mathbf{-\dfrac{1}{2}\sin\left(\dfrac{1}{2}x+4\right)}$

❻ $y = \tan(-x+1)$

$y' = \dfrac{1}{\cos^2(-x+1)}(-x+1)' = \mathbf{-\dfrac{1}{\cos^2(-x+1)}}$

❼ $y = \sin\dfrac{1}{x}$

$y' = \cos\dfrac{1}{x}\left(\dfrac{1}{x}\right)' = \mathbf{-\dfrac{1}{x^2}\cos\dfrac{1}{x}}$

❽ $y = \cos\dfrac{2}{x}$

$y' = -\sin\dfrac{2}{x}\left(\dfrac{2}{x}\right)' = \mathbf{\dfrac{2}{x^2}\sin\dfrac{2}{x}}$

❾ $y = \tan\dfrac{1}{x}$

$y' = \dfrac{1}{\cos^2\dfrac{1}{x}}\left(\dfrac{1}{x}\right)' = \mathbf{-\dfrac{1}{x^2\cos^2\dfrac{1}{x}}}$

❶ $y' = \left(e^x\right)' = \boldsymbol{e^x}$

❷ $y' = \left(e^{2x}\right)' = e^{2x}\left(2x\right)' = e^{2x} \cdot 2 = \boldsymbol{2e^{2x}}$

❸ $y' = \left(e^{2x-1}\right)' = e^{2x-1}\left(2x-1\right)' = e^{2x-1} \cdot 2 = \boldsymbol{2e^{2x-1}}$

❹ $y' = \left(e^{x^3}\right)' = e^{x^3}\left(x^3\right)' = e^{x^3} \cdot 3x^2 = \boldsymbol{3x^2 e^{x^3}}$

❺ $y' = \left(e^{x^2+3}\right)' = e^{x^2+3}\left(x^2+3\right)' = e^{x^2+3} \cdot 2x = \boldsymbol{2xe^{x^2+3}}$

❻ $y' = \left(2^x\right)' = \log 2 \cdot 2^x = \boldsymbol{2^x \log 2}$

❼ $y' = \left(3^x\right)' = \log 3 \cdot 3^x = \boldsymbol{3^x \log 3}$

❽ $y' = \left(\log x\right)' = \dfrac{1}{x}$

❾ $y' = \left\{\log\left(x^2+1\right)\right\}' = \dfrac{1}{x^2+1}\left(x^2+1\right)' = \dfrac{\boldsymbol{2x}}{\boldsymbol{x^2+1}}$

❿ $y' = \left\{\log\left(2x+3\right)\right\}' = \dfrac{1}{2x+3}\left(2x+3\right)' = \dfrac{\boldsymbol{2}}{\boldsymbol{2x+3}}$

⓫ $y' = \left\{\left(\log x\right)^2\right\}' = 2\left(\log x\right)\left(\log x\right)' = \dfrac{\boldsymbol{2\log x}}{\boldsymbol{x}}$

⓬ $y' = \left\{\left(\log x\right)^3\right\}' = 3\left(\log x\right)^2\left(\log x\right)' = \dfrac{\boldsymbol{3\left(\log x\right)^2}}{\boldsymbol{x}}$

32 の解答

① $y' = \left(\log|\sin x|\right)' = \dfrac{(\sin x)'}{\sin x} = \dfrac{\cos x}{\sin x}$

② $y' = \left(\log|\log x|\right)' = \dfrac{1}{\log x}(\log x)' = \dfrac{1}{x\log x}$

③ $y' = \left(\log\dfrac{1}{x}\right)' = \dfrac{1}{\frac{1}{x}}\cdot\left(\dfrac{1}{x}\right)' = x\cdot\left(-\dfrac{1}{x^2}\right) = -\dfrac{1}{x}$

④ $y' = \left(x^2 e^x\right)' = \left(x^2\right)' e^x + x^2\left(e^x\right)' = 2xe^x + x^2 e^x = (2+x)xe^x$

⑤ $y' = \left(x\log x\right)' = (x)'\log x + x\left(\log x\right)' = \log x + x\cdot\dfrac{1}{x} = \log x + 1$

⑥ $y' = \left(e^x \sin 2x\right)' = \left(e^x\right)' \sin 2x + e^x\left(\sin 2x\right)'$

$\qquad = e^x \sin 2x + e^x\cdot 2\cos 2x = (\sin 2x + 2\cos 2x)e^x$

⑦ $y' = \left(\sin x \tan x\right)' = (\sin x)'\tan x + \sin x\left(\tan x\right)'$

$\qquad = \cos x\cdot\tan x + \sin x\cdot\dfrac{1}{\cos^2 x} = \sin x + \dfrac{\sin x}{\cos^2 x} = \left(1 + \dfrac{1}{\cos^2 x}\right)\sin x$

⑧ $y' = \left(\dfrac{\cos x}{\sin x}\right)' = \dfrac{(\cos x)'\sin x - \cos x(\sin x)'}{\sin^2 x} = \dfrac{-\sin^2 x - \cos^2 x}{\sin^2 x} = -\dfrac{1}{\sin^2 x}$

33 の解答

① $\mathrm{Sin}^{-1} 0 = 0$

② $\mathrm{Sin}^{-1} 1 = \dfrac{\pi}{2}$

③ $\mathrm{Sin}^{-1}(-1) = -\dfrac{\pi}{2}$

④ $\mathrm{Cos}^{-1} 0 = \dfrac{\pi}{2}$

⑤ $\mathrm{Cos}^{-1} 1 = 0$

⑥ $\mathrm{Cos}^{-1}(-1) = \pi$

⑦ $\mathrm{Tan}^{-1} 0 = 0$

⑧ $\mathrm{Tan}^{-1} 1 = \dfrac{\pi}{4}$

⑨ $\mathrm{Tan}^{-1}(-1) = -\dfrac{\pi}{4}$

34 の解答

1 $\mathrm{Sin}^{-1}\dfrac{\sqrt{3}}{2}=\dfrac{\pi}{3}$

2 $\mathrm{Cos}^{-1}\dfrac{1}{\sqrt{2}}=\dfrac{\pi}{4}$

3 $\mathrm{Tan}^{-1}(-1)=-\dfrac{\pi}{4}$

4 $\mathrm{Sin}^{-1}\left(-\dfrac{\sqrt{3}}{2}\right)=-\dfrac{\pi}{3}$

5 $\mathrm{Cos}^{-1}\dfrac{\sqrt{3}}{2}=\dfrac{\pi}{6}$

6 $\mathrm{Tan}^{-1}\left(-\dfrac{1}{\sqrt{3}}\right)=-\dfrac{\pi}{6}$

7 $\mathrm{Sin}^{-1}(-1)=-\dfrac{\pi}{2}$

8 $\mathrm{Cos}^{-1}\left(-\dfrac{\sqrt{3}}{2}\right)=\dfrac{5}{6}\pi$

9 $\mathrm{Tan}^{-1}\left(-\sqrt{3}\right)=-\dfrac{\pi}{3}$

35 の解答

1 $y=\mathrm{Sin}^{-1}x$

$y'=\dfrac{1}{\sqrt{1-x^2}}$

2 $y=\mathrm{Cos}^{-1}x$

$y'=-\dfrac{1}{\sqrt{1-x^2}}$

3 $y=\mathrm{Tan}^{-1}x$

$y'=\dfrac{1}{1+x^2}$

4 $y=\mathrm{Sin}^{-1}2x$

$y'=\dfrac{1}{\sqrt{1-(2x)^2}}(2x)'=\dfrac{2}{\sqrt{1-4x^2}}$

5 $y=\mathrm{Cos}^{-1}3x$

$y'=-\dfrac{1}{\sqrt{1-(3x)^2}}(3x)'=-\dfrac{3}{\sqrt{1-9x^2}}$

6 $y=\mathrm{Tan}^{-1}5x$

$y'=\dfrac{1}{1+(5x)^2}(5x)'=\dfrac{5}{1+25x^2}$

③⑥の解答

❶ $y = \text{Sin}^{-1}\dfrac{x}{2}$

$y' = \dfrac{1}{\sqrt{1-\left(\dfrac{x}{2}\right)^2}}\left(\dfrac{x}{2}\right)' = \dfrac{1}{\sqrt{1-\dfrac{x^2}{4}}} \cdot \dfrac{1}{2} = \dfrac{\mathbf{1}}{\sqrt{\mathbf{4}-\boldsymbol{x}^2}}$

❷ $y = \text{Tan}^{-1}\dfrac{x}{3}$

$y' = \dfrac{1}{1+\left(\dfrac{x}{3}\right)^2}\left(\dfrac{x}{3}\right)' = \dfrac{1}{1+\dfrac{x^2}{9}} \cdot \dfrac{1}{3} = \dfrac{\mathbf{3}}{\mathbf{9}+\boldsymbol{x}^2}$

❸ $y = \text{Cos}^{-1} x^2$

$y' = -\dfrac{1}{\sqrt{1-\left(x^2\right)^2}}\left(x^2\right)' = -\dfrac{\mathbf{2}\boldsymbol{x}}{\sqrt{\mathbf{1}-\boldsymbol{x}^4}}$

❹ $y = \text{Sin}^{-1}\dfrac{x}{a} \quad (a>0)$

$y' = \dfrac{1}{\sqrt{1-\left(\dfrac{x}{a}\right)^2}}\left(\dfrac{x}{a}\right)' = \dfrac{1}{\sqrt{1-\dfrac{x^2}{a^2}}} \cdot \dfrac{1}{a} = \dfrac{\mathbf{1}}{\sqrt{\boldsymbol{a}^2-\boldsymbol{x}^2}}$

❺ $y = \text{Tan}^{-1}\dfrac{x}{a}$

$y' = \dfrac{1}{1+\left(\dfrac{x}{a}\right)^2}\left(\dfrac{x}{a}\right)' = \dfrac{1}{1+\dfrac{x^2}{a^2}} \cdot \dfrac{1}{a} = \dfrac{\boldsymbol{a}}{\boldsymbol{a}^2+\boldsymbol{x}^2}$

❻ $y = \text{Sin}^{-1}\sqrt{x}$

$y' = \dfrac{1}{\sqrt{1-\left(\sqrt{x}\right)^2}}\left(\sqrt{x}\right)' = \dfrac{1}{\sqrt{1-x}} \cdot \dfrac{1}{2}x^{-\frac{1}{2}} = \dfrac{\mathbf{1}}{\mathbf{2}\sqrt{\boldsymbol{x}(\mathbf{1}-\boldsymbol{x})}}$

31 ～ 40

37 の解答

① $y = \mathrm{Cos}^{-1}\dfrac{1}{x}$ $(x>1)$

$$y' = -\frac{1}{\sqrt{1-\left(\dfrac{1}{x}\right)^2}}\left(\frac{1}{x}\right)' = -\frac{1}{\sqrt{1-\dfrac{1}{x^2}}}\left(-\frac{1}{x^2}\right) = \frac{1}{x\sqrt{x^2-1}}$$

② $y = \mathrm{Tan}^{-1}\dfrac{1-x}{1+x}$

$$y' = \frac{1}{1+\left(\dfrac{1-x}{1+x}\right)^2}\left(\frac{1-x}{1+x}\right)' = \frac{1}{1+\dfrac{(1-x)^2}{(1+x)^2}}\cdot\frac{-(1+x)-(1-x)}{(1+x)^2}$$

$$= \frac{(1+x)^2}{(1+x)^2+(1-x)^2}\cdot\frac{-2}{(1+x)^2} = \frac{-2}{2+2x^2} = -\frac{1}{1+x^2}$$

③ $y = \mathrm{Sin}^{-1}(2x-3)$

$$y' = \frac{1}{\sqrt{1-(2x-3)^2}}(2x-3)' = \frac{1}{\sqrt{1-(4x^2-12x+9)}}\cdot 2$$

$$= \frac{2}{\sqrt{-4x^2+12x-8}} = \frac{1}{\sqrt{-x^2+3x-2}}$$

④ $y = \mathrm{Tan}^{-1} x^2$

$$y' = \frac{1}{1+\left(x^2\right)^2}\left(x^2\right)' = \frac{2x}{1+x^4}$$

⑤ $y = \mathrm{Tan}^{-1} 3x^2$

$$y' = \frac{1}{1+\left(3x^2\right)^2}\left(3x^2\right)' = \frac{6x}{1+9x^4}$$

⑥ $y = \mathrm{Tan}^{-1}\dfrac{1}{\sqrt{x}}$

$$y' = \frac{1}{1+\left(\dfrac{1}{\sqrt{x}}\right)^2}\left(\frac{1}{\sqrt{x}}\right)' = \frac{1}{1+\dfrac{1}{x}}\left(-\frac{1}{2}\right)\cdot x^{-\frac{3}{2}} = \frac{x}{x+1}\left(-\frac{1}{2}\right)\cdot\frac{1}{x\sqrt{x}} = \frac{-1}{2\sqrt{x}(x+1)}$$

38 の解答

1 $y = \log|\log x|$

$$y' = \frac{1}{\log x}\left(\log x\right)' = \frac{1}{\log x}\cdot\frac{1}{x} = \frac{1}{x\log x}$$

2 $y = \log\left|\dfrac{x-a}{x+a}\right|$

$$y' = \frac{1}{\dfrac{x-a}{x+a}}\left(\frac{x-a}{x+a}\right)' = \frac{x+a}{x-a}\cdot\frac{(x+a)-(x-a)}{(x+a)^2} = \frac{2a}{(x-a)(x+a)} = \frac{2a}{x^2-a^2}$$

☞ $y' = \left(\log|x-a|-\log|x+a|\right)' = \dfrac{1}{x-a} - \dfrac{1}{x+a} = \dfrac{2a}{x^2-a^2}$ としてもよい。

3 $y = \log\left|x + \sqrt{x^2+A}\right|$

$$y' = \frac{1}{x+\sqrt{x^2+A}}\left(x+\sqrt{x^2+A}\right)' = \frac{1}{x+\sqrt{x^2+A}}\left\{1+\frac{1}{2}\left(x^2+A\right)^{-\frac{1}{2}}\cdot 2x\right\}$$

$$= \frac{1}{x+\sqrt{x^2+A}}\left(1+\frac{x}{\sqrt{x^2+A}}\right) = \frac{1}{x+\sqrt{x^2+A}}\cdot\frac{\sqrt{x^2+A}+x}{\sqrt{x^2+A}} = \frac{1}{\sqrt{x^2+A}}$$

4 $y = \log\left|\tan\dfrac{x}{2}\right|$

$$y' = \frac{1}{\tan\dfrac{x}{2}}\left(\tan\frac{x}{2}\right)' = \frac{1}{\tan\dfrac{x}{2}}\cdot\frac{1}{\cos^2\dfrac{x}{2}}\cdot\frac{1}{2}$$

$$= \frac{\cos\dfrac{x}{2}}{\sin\dfrac{x}{2}}\cdot\frac{1}{\cos^2\dfrac{x}{2}}\cdot\frac{1}{2} = \frac{1}{2\sin\dfrac{x}{2}\cos\dfrac{x}{2}} = \frac{1}{\sin x}$$

39 の解答

❶　$y = \log 2x$

$$y' = \left(\log 2x\right)' = \frac{1}{2x}\left(2x\right)' = \frac{1}{2x} \cdot 2 = \frac{1}{x}$$

❷　$y = \log\left(x^2 + 1\right)$

$$y' = \frac{1}{x^2 + 1}\left(x^2 + 1\right)' = \frac{2x}{x^2 + 1}$$

❸　$y = \left(\log x\right)^3$

$$y' = 3\left(\log x\right)^2\left(\log x\right)' = 3\left(\log x\right)^2 \cdot \frac{1}{x} = \frac{3\left(\log x\right)^2}{x}$$

❹　$y = \dfrac{1}{\log x}$

$$y' = \frac{-\left(\log x\right)'}{\left(\log x\right)^2} = -\frac{1}{x\left(\log x\right)^2}$$

❺　$y = \log_a 2x = \dfrac{\log_e 2x}{\log_e a}$

$$y' = \left(\frac{\log 2x}{\log a}\right)' = \frac{1}{\log a} \cdot \frac{1}{2x}\left(2x\right)' = \frac{1}{\log a} \cdot \frac{1}{2x} \cdot 2 = \frac{1}{x\log a}$$

❻　$y = \left(\log_2 x\right)^2$

$$y' = \left\{\left(\log_2 x\right)^2\right\}' = 2\left(\log_2 x\right)\left(\log_2 x\right)'$$

$$= 2\log_2 x \cdot \frac{1}{x\log 2} = \frac{2\log_2 x}{x\log 2}$$

☞　$$\left(\log_a x\right)' = \frac{1}{x\log a} \quad (a > 0,\ a \neq 1)$$

31 ～ 40

40の解答

$y = x^3 - 3x^2 - 9x + 5$

$f(x) = x^3 - 3x^2 - 9x + 5$ とおく。

$f'(x) = 3x^2 - 6x - 9 = 3(x^2 - 2x - 3) = 3(x+1)(x-3)$

$f'(x) = 0$ として $x = -1,\ 3$

$f'(x) > 0$ として $x < -1,\ 3 < x$

$f'(x) < 0$ として $-1 < x < 3$

増減表は次のようになる。

x	$\cdots$	-1	$\cdots$	3 ア	$\cdots$
y'	$+$	0 イ	$-$	0	$+$ ウ
y	$\nearrow$	10	$\searrow$	-22 エ	$\nearrow$

$f(-1) = (-1)^3 - 3(-1)^2 - 9(-1) + 5 = -1 - 3 + 9 + 5 = 10$

$f(3) = 3^3 - 3 \cdot 3^2 - 9 \cdot 3 + 5 = 27 - 27 - 27 + 5 = -22$

$x = -1$ で極大値は 10

$x = \underset{ア}{3}$ で極小値 $\underset{エ}{-22}$ をとる。

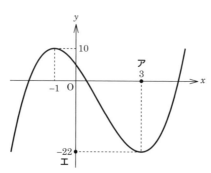

41 の解答

$y = -x^3 + 3x - 1$

$f(x) = -x^3 + 3x - 1$ とおく。

$f'(x) = -3x^2 + 3 = -3(x^2 - 1) = -3(x+1)(x-1)$

$f'(x) = 0$ として $x = -1, \ 1$

$f'(x) > 0$ として $-3(x+1)(x-1) > 0$

両辺を -3 で割り，不等号の向きに注意して

$(x+1)(x-1) < 0 \quad \therefore \ -1 < x < 1$

同様に $f'(x) < 0$ として $x < -1, \ 1 < x$

増減表は次のようになる。

x	$\cdots$	-1 ア	$\cdots$	1	$\cdots$
y'	$-$ イ	0	$+$	0 ウ	$-$
y	$\searrow$	-3 エ	$\nearrow$	1	$\searrow$

$f(-1) = -(-1)^3 + 3(-1) - 1 = 1 - 3 - 1 = -3$

$f(1) = -1^3 + 3 \cdot 1 - 1 = -1 + 3 - 1 = 1$

$x = -1$ で極大値は 1

$x = \underset{ア}{-1}$ で極小値 $\underset{エ}{-3}$ をとる。

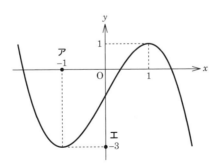

42 の解答

$y = x^4 - 2x^2 + 3$

$f(x) = x^4 - 2x^2 + 3$ とおく。

$f'(x) = 4x^3 - 4x = 4x(x^2 - 1) = 4x(x+1)(x-1)$

$f'(x) = 0$ として $x = -1,\ 0,\ 1$

ここで，$f'(x)$ の符号を考えると下表のようになる。

x	$\cdots$	-1	$\cdots$	0	$\cdots$	1	$\cdots$
$x+1$	$-$	0	$+$	$+$	$+$	$+$	$+$
x	$-$	$-$	$-$	0	$+$	$+$	$+$
$x-1$	$-$	$-$	$-$	$-$	$-$	0	$+$
$4(x+1)x(x-1)$	$-$	0	$+$	0	$-$	0	$+$

よって，$f'(x) > 0$ となるのは $-1 < x < 0,\ 1 < x$

$f'(x) < 0$ となるのは $x < -1,\ 0 < x < 1$

増減表は次のようになる。

x	$\cdots$	-1	$\cdots$	$\underset{\text{ア}}{\mathbf{0}}$	$\cdots$	$\underset{\text{イ}}{\mathbf{1}}$	$\cdots$
y'	$-$	0	$+$	$\underset{\text{ウ}}{\mathbf{0}}$	$-$	$\underset{\text{エ}}{\mathbf{0}}$	$+$
y	$\searrow$	$\underset{\text{オ}}{\mathbf{2}}$	$\nearrow$	3	$\searrow$	$\underset{\text{カ}}{\mathbf{2}}$	$\nearrow$

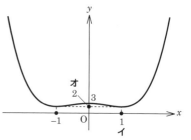

$f(-1) = (-1)^4 - 2(-1)^2 + 3 = 1 - 2 + 3 = 2$

$f(0) = 0^4 - 2 \cdot 0^2 + 3 = 3$

$f(1) = 1^4 - 2 \cdot 1^2 + 3 = 1 - 2 + 3 = 2$

$x = \underset{\text{ア}}{\mathbf{0}}$ のとき極大値 3

$x = -1$ のとき極小値 $\underset{\text{オ}}{\mathbf{2}}$，$x = \underset{\text{イ}}{\mathbf{1}}$ のとき極小値 $\underset{\text{カ}}{\mathbf{2}}$ をとる。

⑭の解答

$$y = -\frac{1}{4}x^4 + 2x^2 - 2$$

$f(x) = -\frac{1}{4}x^4 + 2x^2 - 2$ とおく。

$f'(x) = -x^3 + 4x = -x(x^2 - 4) = -x(x+2)(x-2)$

$f'(x) = 0$ として $x = -2,\ 0,\ 2$

ここで，$f'(x)$ の符号を考えると下表のようになる。

x	$\cdots$	-2	$\cdots$	0	$\cdots$	2	$\cdots$
$x+2$	$-$	0	$+$	$+$	$+$	$+$	$+$
x	$-$	$-$	$-$	0	$+$	$+$	$+$
$x-2$	$-$	$-$	$-$	$-$	$-$	0	$+$
$-x(x+2)(x-2)$	$+$	0	$-$	0	$+$	0	$-$

よって，$f'(x) > 0$ となるのは $x < -2,\ 0 < x < 2$

$f'(x) < 0$ となるのは $-2 < x < 0,\ 2 < x$

増減表は次のようになる。

x	$\cdots$	$\underset{ア}{-2}$	$\cdots$	0	$\cdots$	$\underset{イ}{2}$	$\cdots$
y'	$+$	$\underset{ウ}{0}$	$-$	0	$+$	$\underset{エ}{0}$	$-$
y	$\nearrow$	2	$\searrow$	$\underset{オ}{-2}$	$\nearrow$	$\underset{カ}{2}$	$\searrow$

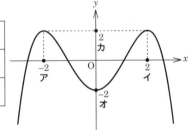

41〜50

$f(-2) = -\frac{1}{4}(-2)^4 + 2(-2)^2 - 2 = -4 + 8 - 2 = 2$

$f(0) = -\frac{1}{4} \cdot 0^4 - 2 \cdot 0^2 - 2 = -2$

$f(2) = -\frac{1}{4} \cdot 2^4 + 2 \cdot 2^2 - 2 = -4 + 8 - 2 = 2$

$x = \underset{ア}{-2}$ のとき極大値 2, $x = \underset{イ}{2}$ のとき極大値 $\underset{カ}{2}$

$x = 0$ のとき極小値 $\underset{オ}{-2}$ をとる。

44 の解答

$$y = -x^3 + 3x^2 + 9x - 8$$

$f(x) = -x^3 + 3x^2 + 9x - 8$ とおく。

$$f'(x) = -3x^2 + 6x + 9 = -3(x^2 - 2x - 3) = -3(x+1)(x-3)$$

$f'(x) = 0$ より　　$x = -1,\ 3$

$$f''(x) = (-3x^2 + 6x + 9)' = -6x + 6$$

$f''(x) = 0$ より　　$x = 1$

増減表は次のようになる。

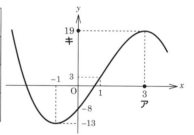

x	$\cdots$	-1	$\cdots$	1	$\cdots$	3 ア	$\cdots$
y'	$-$	0	$+$	$+$	$+$ イ	0	$-$ ウ
y''	$+$	$+$	$+$ エ	0	$-$ オ	$-$	$-$
y	$\searrow$	-13	$\rightarrow$	3 カ	$\nearrow$	19 キ	$\searrow$

$$f(-1) = -(-1)^3 + 3(-1)^2 + 9(-1) - 8 = 1 + 3 - 9 - 8 = -13$$

$$f(1) = -1^3 + 3 \cdot 1^2 + 9 \cdot 1 - 8 = -1 + 3 + 9 - 8 = 3$$

$$f(3) = -3^3 + 3 \cdot 3^2 + 9 \cdot 3 - 8 = -27 + 27 + 27 - 8 = 19$$

$x = \underset{\text{ア}}{3}$ で極大値 $\underset{\text{キ}}{19}$,　$x = -1$ で極小値 -13 をとる。

変曲点は $(\underset{\text{ク}}{1},\ \underset{\text{ケ}}{3})$ である。

45 の解答

$y = x^3 + x^2 - x - 1$

$f(x) = x^3 + x^2 - x - 1$ とおく。

$f'(x) = 3x^2 + 2x - 1 = (3x-1)(x+1)$

$f'(x) = 0$ として $x = -1, \dfrac{1}{3}$

$f''(x) = \left(3x^2 + 2x - 1\right)' = 6x + 2$

$f''(x) = 0$ として $x = -\dfrac{1}{3}$

増減表は次のようになる。

x	$\cdots$	-1 ア	$\cdots$	$-\dfrac{1}{3}$ イ	$\cdots$	$\dfrac{1}{3}$	$\cdots$
y'	$+$ ウ	0	$-$ エ	$-$	$-$	0	$+$
y''	$-$	$-$	$-$ オ	0	$+$ カ	$+$	$+$
y	$\nearrow$	0 キ	$\searrow$	$-\dfrac{16}{27}$ ク	$\searrow$	$-\dfrac{32}{27}$	$\nearrow$

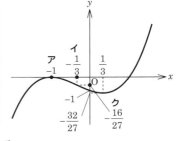

$x = \underset{\text{ア}}{-1}$ で極大値 $\underset{\text{キ}}{\mathbf{0}}$ $x = \dfrac{1}{3}$ で極小値 $-\dfrac{32}{27}$ をとる。

変曲点は $\left(-\dfrac{1}{\underset{\text{ケ}}{3}}, \ -\dfrac{16}{\underset{\text{コ}}{27}}\right)$ である。

41 〜 50

46 の解答

$y = x^4 - 8x^3 + 18x^2 - 5$

$f(x) = x^4 - 8x^3 + 18x^2 - 5$ とおく。

$f'(x) = 4x^3 - 24x^2 + 36x = 4x(x^2 - 6x + 9) = 4x(x-3)^2$

$f'(x) = 0$ として $x = 0, 3$

$f''(x) = (4x^3 - 24x^2 + 36x)' = 12x^2 - 48x + 36 = 12(x^2 - 4x + 3) = 12(x-1)(x-3)$

$f''(x) = 0$ として $x = 1, 3$

増減表は次のようになる。

x	$\cdots$	0	$\cdots$	**1** ア	$\cdots$	**3** イ	$\cdots$
y'	**−** ウ	0	**+** エ	+	+	0	**+** オ
y''	+	**+** カ	+	**0** キ	−	0	**+** ク
y	$\searrow$	−5	$\nearrow$	**6** ケ	$\curvearrowright$	22	$\nearrow$

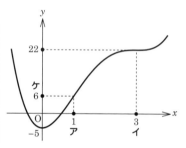

$x = 0$ で極小値 -5 をとり，変曲点は $\left(\underset{\text{ア}}{\mathbf{1}}, \underset{\text{ケ}}{\mathbf{6}}\right)$，$\left(\underset{\text{イ}}{\mathbf{3}}, 22\right)$ である。

47 の解答

$$y = e^{-x^2}$$

$f(x) = e^{-x^2}$ とおく。

合成関数の微分法より

$$f'(x) = e^{-x^2}\left(-x^2\right)' = -2xe^{-x^2}$$

$f'(x) = 0$ として $\quad -2xe^{-x^2} = 0 \qquad \therefore x = 0$

$$f''(x) = \left(-2xe^{-x^2}\right)' = -2\left\{(x)'e^{-x^2} + x\left(e^{-x^2}\right)'\right\}$$

$$= -2\left\{e^{-x^2} + x\left(-2xe^{-x^2}\right)\right\} = -2(1-2x^2)e^{-x^2} = 2(2x^2-1)e^{-x^2}$$

$$= 2(\sqrt{2}x+1)(\sqrt{2}x-1)e^{-x^2}$$

$f''(x) = 0$ として $\quad x = \pm\dfrac{1}{\sqrt{2}}$

増減表は次のようになる。

x	$\cdots$	$-\dfrac{1}{\sqrt{2}}$	$\cdots$	$\underset{ア}{0}$	$\cdots$	$\underset{イ}{\dfrac{1}{\sqrt{2}}}$	$\cdots$
y'	$+$	$+$	$\underset{ウ}{+}$	0	$\underset{エ}{-}$	$-$	$-$
y''	$\underset{オ}{+}$	0	$\underset{カ}{-}$	$-$	$-$	$\underset{キ}{0}$	$+$
y	$\nearrow$	$\dfrac{1}{\sqrt{e}}$	$\curvearrowright$	$\underset{ク}{1}$	$\searrow$	$\underset{ケ}{\dfrac{1}{\sqrt{e}}}$	$\searrow$

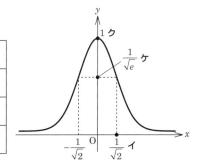

$\underset{ア}{x = \mathbf{0}}$ のとき極大値 $\underset{ク}{\mathbf{1}}$ をとり，変曲点は $\left(-\dfrac{1}{\sqrt{2}},\ \dfrac{1}{\sqrt{e}}\right)$，$\underset{イ}{\left(\dfrac{1}{\sqrt{2}}\right.}$，$\left.\underset{ケ}{\dfrac{1}{\sqrt{e}}}\right)$ である。

また $\displaystyle\lim_{x\to\pm\infty} e^{-x^2} = 0$ より，x 軸が漸近線である。

48の解答

$$y = e^{-\frac{x^2}{2}}$$

$f(x) = e^{-\frac{x^2}{2}}$ とおく。

$$f'(x) = e^{-\frac{x^2}{2}}\left(-\frac{x^2}{2}\right)' = -xe^{-\frac{x^2}{2}}$$

$f'(x) = 0$ として $x = 0$

$$f''(x) = \left(-xe^{-\frac{x^2}{2}}\right)' = -\left\{(x)'e^{-\frac{x^2}{2}} + x\left(e^{-\frac{x^2}{2}}\right)'\right\}$$

$$= -\left\{e^{-\frac{x^2}{2}} + x\left(-xe^{-\frac{x^2}{2}}\right)\right\} = (x^2-1)e^{-\frac{x^2}{2}}$$

$$= (x+1)(x-1)e^{-\frac{x^2}{2}}$$

$f''(x) = 0$ として $x = -1,\ 1$

増減表は次のようになる。

x	$\cdots$	-1 ア	$\cdots$	0 イ	$\cdots$	1	$\cdots$
y'	$+$	$+$	$+$ ウ	0	$-$ エ	$-$	$-$
y''	$+$	0	$-$ オ		$-$ カ	0	$+$ キ
y	↗	$\frac{1}{\sqrt{e}}$ ク	↗	1 ケ	↘	$\frac{1}{\sqrt{e}}$	↘

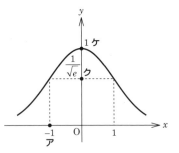

$x = 0$ のとき極大値 1 をとり，変曲点は $\left(-1,\ \dfrac{1}{\sqrt{e}}\right)$，$\left(1,\ \dfrac{1}{\sqrt{e}}\right)$ である。

$\displaystyle \lim_{x \to \pm\infty} e^{-\frac{x^2}{2}} = 0$ より，x軸が漸近線である。

49 の解答

$$y = \frac{1}{x^2+1}$$

$f(x) = \dfrac{1}{x^2+1}$ とおく。

$$f'(x) = \frac{-\left(x^2+1\right)'}{\left(x^2+1\right)^2} = \frac{-2x}{\left(x^2+1\right)^2} \quad より \quad f'(x) = 0 \text{ として} \qquad x = 0$$

$$f''(x) = \left\{ -\frac{2x}{\left(x^2+1\right)^2} \right\}' = -\frac{(2x)'\left(x^2+1\right)^2 - 2x\left\{\left(x^2+1\right)^2\right\}'}{\left(x^2+1\right)^4}$$

$$= -\frac{2\left(x^2+1\right)^2 - 2x \cdot 2\left(x^2+1\right) \cdot 2x}{\left(x^2+1\right)^4} = -\frac{-6x^2+2}{\left(x^2+1\right)^3} = \frac{2\left(3x^2-1\right)}{\left(x^2+1\right)^3}$$

$$= \frac{2\left(\sqrt{3}x+1\right)\left(\sqrt{3}x-1\right)}{\left(x^2+1\right)^3}$$

$f''(x) = 0$ として $\qquad x = -\dfrac{1}{\sqrt{3}}, \quad \dfrac{1}{\sqrt{3}}$

増減表は次のようになる。

x	$\cdots$	$-\dfrac{1}{\sqrt{3}}$	$\cdots$	0 ア	$\cdots$	$\dfrac{1}{\sqrt{3}}$ イ	$\cdots$
y'	$+$	$+$	$+$	0 ウ	$-$	$-$	$-$
y''	$+$	0 エ	$-$		$-$	0 オ	$+$
y	↗	$\dfrac{3}{4}$ カ	↗	1 キ	↘	$\dfrac{3}{4}$ ク	↘

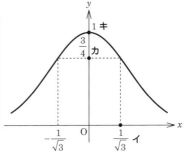

$\underset{ア}{x=0}$ のとき極大値 $\underset{キ}{1}$ をとり，変曲点は $\left(-\dfrac{1}{\sqrt{3}}, \ \underset{カ}{\dfrac{3}{4}} \right)$，$\left(\underset{イ}{\dfrac{1}{\sqrt{3}}}, \ \underset{ク}{\dfrac{3}{4}} \right)$ である。

$\displaystyle\lim_{x\to\pm\infty} \dfrac{1}{x^2+1} = 0$ より，x 軸が漸近線である。

50 の解答

$y = \log(1 + x^2)$

$f(x) = \log(1 + x^2)$ とおく。

$f'(x) = \dfrac{2x}{1+x^2}$ より $f'(x) = 0$ として $x = 0$

$f''(x) = \left(\dfrac{2x}{1+x^2}\right)' = \dfrac{(2x)'(1+x^2) - 2x(1+x^2)'}{(1+x^2)^2} = \dfrac{2(1+x^2) - 2x \cdot 2x}{(1+x^2)^2}$

$\qquad = \dfrac{2 - 2x^2}{(1+x^2)^2} = \dfrac{2(1+x)(1-x)}{(1+x^2)^2}$

$f''(x) = 0$ として $x = -1,\ 1$

増減表は次のようになる。

x	$\cdots$	-1	$\cdots$	$\underset{\text{ア}}{\mathbf{0}}$	$\cdots$	1	$\cdots$
y'	$-$	$-$	$\underset{\text{イ}}{-}$	0	$\underset{\text{ウ}}{+}$	$+$	$+$
y''	$-$	0	$\underset{\text{エ}}{+}$	$+$	$+$	$\underset{\text{オ}}{0}$	$-$
y	$\searrow$	$\log 2$	$\searrow$	$\underset{\text{カ}}{\mathbf{0}}$	$\nearrow$	$\underset{\text{キ}}{\mathbf{\log 2}}$	$\nearrow$

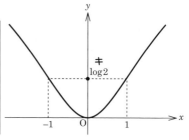

$\underset{\text{ア}}{x = \mathbf{0}}$ で極小値 $\underset{\text{カ}}{\mathbf{0}}$ をとり，変曲点は $(-1,\ \log 2)$，$(1,\ \underset{\text{キ}}{\mathbf{\log 2}})$ である。

51 の解答

$$y = e^x \sin x \quad (0 \leq x \leq \pi)$$

$f(x) = e^x \sin x$ とおく。

$$f'(x) = \left(e^x \sin x \right)' = \left(e^x \right)' \sin x + e^x \left(\sin x \right)' = e^x \sin x + e^x \cos x$$

$$= e^x \left(\sin x + \cos x \right) = \sqrt{2} e^x \sin\left(x + \frac{\pi}{4} \right)$$

$f'(x) = 0$ として $\sin\left(x + \frac{\pi}{4} \right) = 0$ より $x = \frac{3}{4}\pi$

$$f''(x) = \left\{ \sqrt{2} e^x \sin\left(x + \frac{\pi}{4} \right) \right\}' = \sqrt{2} \left\{ \left(e^x \right)' \sin\left(x + \frac{\pi}{4} \right) + e^x \left(\sin\left(x + \frac{\pi}{4} \right) \right)' \right\}$$

$$= \sqrt{2} \left\{ e^x \sin\left(x + \frac{\pi}{4} \right) + e^x \cos\left(x + \frac{\pi}{4} \right) \right\}$$

$$= \sqrt{2} e^x \left\{ \sin\left(x + \frac{\pi}{4} \right) + \cos\left(x + \frac{\pi}{4} \right) \right\} = 2 e^x \sin\left(x + \frac{\pi}{2} \right)$$

$f''(x) = 0$ として $\sin\left(x + \frac{\pi}{2} \right) = 0$ より $x = \frac{\pi}{2}$

増減表は次のようになる。

x	0	$\cdots$	$\dfrac{\pi}{2}$ ア	$\cdots$	$\dfrac{3}{4}\pi$	$\cdots$	π
y'	$+$	$+$	$+$	$+$	0 イ	$-$	$-$
y''	$+$	$+$	0	$-$ ウ	$-$	$-$	$-$
y	0	↗	$e^{\frac{\pi}{2}}$ エ	↗	$\dfrac{1}{\sqrt{2}} e^{\frac{3}{4}\pi}$ オ	↘	0

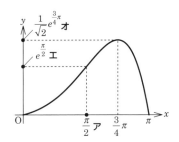

$$f\left(\frac{3}{4}\pi \right) = e^{\frac{3}{4}\pi} \sin\frac{3}{4}\pi = \frac{1}{\sqrt{2}} e^{\frac{3}{4}\pi} , \quad f\left(\frac{\pi}{2} \right) = e^{\frac{\pi}{2}} \sin\frac{\pi}{2} = e^{\frac{\pi}{2}}$$

$x = \dfrac{3}{4}\pi$ で極大値 $\dfrac{1}{\sqrt{2}} e^{\frac{3}{4}\pi}$ オ をとり，変曲点は $\left(\dfrac{\pi}{2}, \; e^{\frac{\pi}{2}} \right)$ ア エ である。

52 の解答

$$y = e^{-x}\sin x \quad (0 \le x \le 2\pi)$$

$f(x) = e^{-x}\sin x$ とおく。

$$f'(x) = \left(e^{-x}\sin x\right)' = \left(e^{-x}\right)'\sin x + e^{-x}\left(\sin x\right)'$$

$$= -e^{-x}\sin x + e^{-x}\cos x = e^{-x}\left(-\sin x + \cos x\right)$$

$$= \sqrt{2}\,e^{-x}\cos\left(x + \frac{\pi}{4}\right)$$

$f'(x) = 0$ として $\cos\left(x + \dfrac{\pi}{4}\right) = 0$, $x = \dfrac{\pi}{4},\ \dfrac{5}{4}\pi$

$$f''(x) = \left\{\sqrt{2}\,e^{-x}\cos\left(x + \frac{\pi}{4}\right)\right\}' = \sqrt{2}\left\{\left(e^{-x}\right)'\cos\left(x + \frac{\pi}{4}\right) + e^{x}\left(\cos\left(x + \frac{\pi}{4}\right)\right)'\right\}$$

$$= \sqrt{2}\left\{-e^{-x}\cos\left(x + \frac{\pi}{4}\right) - e^{-x}\sin\left(x + \frac{\pi}{4}\right)\right\}$$

$$= -\sqrt{2}\,e^{-x}\left\{\sin\left(x + \frac{\pi}{4}\right) + \cos\left(x + \frac{\pi}{4}\right)\right\} = -2e^{-x}\sin\left(x + \frac{\pi}{2}\right)$$

$f''(x) = 0$ として $\sin\left(x + \dfrac{\pi}{2}\right) = 0$, $x = \dfrac{\pi}{2},\ \dfrac{3}{2}\pi$

増減表は次のようになる。

x	0	$\cdots$	$\dfrac{\pi}{4}$	$\cdots$	$\dfrac{\pi}{2}$	$\cdots$	$\dfrac{5}{4}\pi$ ア	$\cdots$	$\dfrac{3}{2}\pi$ イ	$\cdots$	2π
y'	$+$	$+$	0 ウ	$-$	$-$	$-$ エ	0	$+$ オ	$+$	$+$	$+$
y''	$-$	$-$	$-$	$-$	0 カ	$+$	$+$	$+$ キ	0	$-$ ク	$-$
y	0	$\nearrow$	$\dfrac{1}{\sqrt{2}}e^{\frac{\pi}{4}}$ ケ	$\searrow$	$e^{-\frac{\pi}{2}}$	$\searrow$	$-\dfrac{1}{\sqrt{2}}e^{\frac{5}{4}\pi}$ コ	$\nearrow$	$-e^{-\frac{3}{2}\pi}$ サ	$\nearrow$	0

$x = \dfrac{\pi}{4}$ で極大値 $\dfrac{1}{\sqrt{2}}e^{-\frac{\pi}{4}}$ ケ

$x = \dfrac{5}{4}\pi$ (ア) で極小値 $-\dfrac{1}{\sqrt{2}}e^{-\frac{5}{4}\pi}$ (コ) をとる。

変曲点は $\left(\dfrac{\pi}{2},\ e^{-\frac{\pi}{2}}\right)$, $\left(\dfrac{3}{2}\pi,\ -e^{-\frac{3}{2}\pi}\right)$ (イ)(サ) である。

51 〜 61

53 の解答

$$y = \frac{x}{1+x^2}$$

$f(x) = \dfrac{x}{1+x^2}$ とおく。

$$f'(x) = \left(\frac{x}{1+x^2}\right)' = \frac{(x)'(1+x^2) - x(1+x^2)'}{(1+x^2)^2} = \frac{1+x^2 - x \cdot 2x}{(1+x^2)^2}$$

$$= \frac{1-x^2}{(1+x^2)^2} = \frac{(1-x)(1+x)}{(1+x^2)^2} \qquad f'(x) = 0 \text{ として} \qquad x = -1,\ 1$$

$$f''(x) = \left\{\frac{1-x^2}{(1+x^2)^2}\right\}' = \frac{-2x(1+x^2)^2 - (1-x^2)\cdot 2(1+x^2)\cdot 2x}{(1+x^2)^4}$$

$$= \frac{-2x(1+x^2) - 4x(1-x^2)}{(1+x^2)^3} = \frac{2x(x^2-3)}{(1+x^2)^3} = \frac{2x(x+\sqrt{3})(x-\sqrt{3})}{(1+x^2)^3}$$

$f''(x) = 0 \text{ として} \qquad x = -\sqrt{3},\ 0,\ \sqrt{3}$

増減表は次のようになる。

x	$\cdots$	$-\sqrt{3}$	$\cdots$	-1	$\cdots$	0 ア	$\cdots$	1	$\cdots$	$\sqrt{3}$ イ	$\cdots$
y'	$-$	$-$	$-$	0	$+$	$+$	$+$	0 ウ	$-$	$-$	$-$
y''	$-$	0 エ	$+$	$+$	$+$	0	$-$ オ	$-$	$-$	0 カ	$+$
y	$\searrow$	$-\dfrac{\sqrt{3}}{4}$	$\searrow$	$-\dfrac{1}{2}$ キ	$\nearrow$	0	$\curvearrowright$	$\dfrac{1}{2}$	$\searrow$	$\dfrac{\sqrt{3}}{4}$	$\searrow$

$x=1$ で極大値 $\dfrac{1}{2}$, $x=-1$ で極小値 $-\underset{キ}{\dfrac{1}{2}}$ をとる。

変曲点は $\left(-\sqrt{3},\ -\dfrac{\sqrt{3}}{4}\right)$, $(0,\ 0)$, $\left(\underset{イ}{\sqrt{3}},\ \dfrac{\sqrt{3}}{4}\right)$ である。

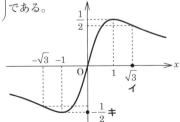

54 の解答

$y = xe^x$

$f(x) = xe^x$ とおく。

$f'(x) = \left(xe^x\right)' = (x)' e^x + x\left(e^x\right)' = e^x + xe^x = (1+x)e^x$

$f'(x) = 0$ として $x = -1$

$f''(x) = \left(e^x + xe^x\right)' = \left(e^x\right)' + \left(xe^x\right)' = e^x + (1+x)e^x = (2+x)e^x$

$f''(x) = 0$ として $x = -2$

増減表は次のようになる。

x	$-\infty$	$\cdots$	-2 ア	$\cdots$	-1	$\cdots$	∞
y'		$-$	$-$	$-$	0 イ	$+$	
y''		$-$	0	$+$ ウ	$+$	$+$	
y	0	$\searrow$	$-\dfrac{2}{e^2}$	$\searrow$	$-\dfrac{1}{e}$ エ	$\nearrow$	∞

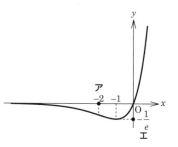

なお，**ロピタルの定理**を用いると

$$\lim_{x \to -\infty} xe^x = \lim_{x \to -\infty} \frac{x}{e^{-x}} \underset{\left(\substack{\text{ロピタル} \\ \text{の定理}}\right)}{=} \lim_{x \to -\infty} \frac{1}{-e^{-x}} = 0$$

$$\lim_{x \to \infty} xe^x = \infty \quad \text{である。}$$

$x = -1$ で極小値 $\underset{\text{エ}}{-\dfrac{1}{e}}$ をとる。

変曲点は $\left(\underset{\text{ア}}{-2},\ -\dfrac{2}{e^2}\right)$ である。

51
$\sim$
61

55 の解答

$y = (x-1)e^x$

$f(x) = (x-1)e^x$ とおく。

$f'(x) = \{(x-1)e^x\}' = (x-1)'e^x + (x-1)(e^x)' = e^x + (x-1)e^x = xe^x$

$f'(x) = 0$ より $xe^x = 0$ から $x = 0$

$f''(x) = (xe^x)' = (x)'e^x + x(e^x)' = e^x + xe^x = (1+x)e^x$

$f''(x) = 0$ より $x = -1$

増減表は次のようになる。

x	$\cdots$	-1	$\cdots$	**0** ア	$\cdots$
y'	$-$	$-$	$-$	0	$+$ イ
y''	$-$ ウ	0	$+$	$+$	$+$
y	$\searrow$	$-\dfrac{2}{e}$ エ	$\searrow$	-1 オ	$\nearrow$

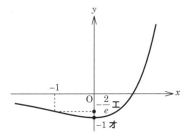

$\underset{\text{ア}}{x = 0}$ で極小値 $\underset{\text{オ}}{-1}$ をとり，変曲点は $\left(-1,\ -\dfrac{2}{e}\right)$ である。

56 の解答

$$y = \log\left(x^2 + 2\right)$$

$f(x) = \log\left(x^2 + 2\right)$ とおく。

$f'(x) = \dfrac{2x}{x^2 + 2}$ より $f'(x) = 0$ として $x = 0$

$$f''(x) = \left(\dfrac{2x}{x^2 + 2}\right)' = \dfrac{(2x)'\left(x^2 + 2\right) - 2x\left(x^2 + 2\right)'}{\left(x^2 + 2\right)^2} = \dfrac{2\left(x^2 + 2\right) - 2x \cdot 2x}{\left(x^2 + 2\right)^2}$$

$$= \dfrac{-2x^2 + 4}{\left(x^2 + 2\right)^2} = \dfrac{-2\left(x + \sqrt{2}\right)\left(x - \sqrt{2}\right)}{\left(x^2 + 2\right)^2}$$

$f''(x) = 0$ として $x = -\sqrt{2}, \ \sqrt{2}$

増減表は次のようになる。

x	$\cdots$	$-\sqrt{2}$	$\cdots$	0 ア	$\cdots$	$\sqrt{2}$ イ	$\cdots$
y'	$-$	$-$	$-$ ウ	0	$+$ エ	$+$	$+$
y''	$-$	0 オ	$+$	$+$	$+$	0	$-$ カ
y	$\searrow$	$2\log 2$ キ	$\searrow$	$\log 2$ ク	$\nearrow$	$2\log 2$	$\nearrow$

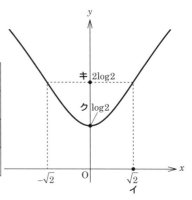

$x = 0$ で極小値 $\log 2$ をとり，変曲点は $\left(-\sqrt{2}, \ 2\log 2\right)$，$\left(\sqrt{2}, \ 2\log 2\right)$ である。
　ア　　　　　　ク　　　　　　　　　　　　　キ　　　　　　イ

57 の解答

$$y = \frac{\log x}{x} \quad (x > 0)$$

$f(x) = \dfrac{\log x}{x}$ とおく。

$$f'(x) = \left(\frac{\log x}{x}\right)' = \frac{(\log x)' \cdot x - \log x (x)'}{x^2} = \frac{\dfrac{1}{x} \cdot x - \log x \cdot 1}{x^2}$$

$$= \frac{1 - \log x}{x^2} \qquad f'(x) = 0 \text{ として} \qquad 1 - \log x = 0 \quad \text{より} \quad x = e$$

$$f''(x) = \left(\frac{1 - \log x}{x^2}\right)' = \frac{(1 - \log x)' x^2 - (1 - \log x)(x^2)'}{x^4}$$

$$= \frac{-\dfrac{1}{x} \cdot x^2 - (1 - \log x) \cdot 2x}{x^4} = \frac{-x - 2x + 2x\log x}{x^4} = \frac{-3 + 2\log x}{x^3}$$

$f''(x) = 0$ より $\quad -3 + 2\log x = 0 \quad$ から $\quad \log x = \dfrac{3}{2} \quad \therefore x = e^{\frac{3}{2}}$

増減表は次のようになる。

x	0	$\cdots$	e	$\cdots$	$e^{\frac{3}{2}}$ ア	$\cdots$	∞
y'		$+$	$\mathbf{0}$ イ	$-$	$-$	$-$	
y''		$-$		$-$ ウ	0	$+$ エ	
y	$-\infty$	↗	e^{-1} オ	↘	$\dfrac{3}{2}e^{-\frac{3}{2}}$ カ	↘	0

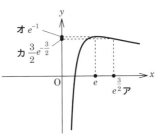

オ e^{-1}

カ $\dfrac{3}{2}e^{-\frac{3}{2}}$

なお，**ロピタルの定理**を用いると

$$\lim_{x \to \infty} \frac{\log x}{x} = \lim_{x \to \infty} \frac{1}{x} = 0 \text{ である。} \ x\text{軸が漸近線である。}$$

$x = e$ で極大値 e^{-1} オ をとる。変曲点は $\left(e^{\frac{3}{2}} \text{ ア}, \ \dfrac{3}{2}e^{-\frac{3}{2}} \text{ カ} \right)$ である。

58 の解答

$$y = x^2 e^x$$

$f(x) = x^2 e^x$ とおく。

$$f'(x) = \left(x^2 e^x\right)' = \left(x^2\right)' e^x + x^2 \left(e^x\right)' = 2xe^x + x^2 e^x = (2+x)xe^x$$

$f'(x) = 0$ として $\quad x = -2,\ 0$

$$f''(x) = \left(2xe^x + x^2 e^x\right)' = 2\left(xe^x\right)' + \left(x^2 e^x\right)' = 2(1+x)e^x + (2+x)xe^x$$
$$= \left(x^2 + 4x + 2\right)e^x$$

$f''(x) = 0$ として $\quad x^2 + 4x + 2 = 0 \quad$ より $\quad x = -2 \pm \sqrt{2}$

増減表は次のようになる。

x	$-\infty$	$\cdots$	$-2-\sqrt{2}$	$\cdots$	-2	$\cdots$	$-2+\sqrt{2}$ ア	$\cdots$	0 イ	$\cdots$	$+\infty$
y'	$+$	$+$	$+$	$+$	0 ウ	$-$	$-$	$-$	0	$+$ エ	$+$
y''	$+$	$+$	0 オ	$-$	$-$	$-$ カ	0	$+$	$+$	$+$	$+$
y	0	↗	$\left(6+4\sqrt{2}\right)e^{-2-\sqrt{2}}$ キ	⤴	$4e^{-2}$ ク	↘	$\left(6-4\sqrt{2}\right)e^{-2+\sqrt{2}}$ ケ	↘	0	↗	$+\infty$

$x = -2$ で極大値 $4e^{-2}$ (ク)

$x = 0$ で極小値 0 をとる。(イ)

変曲点は $\left(-2-\sqrt{2},\ \left(6+4\sqrt{2}\right)e^{-2-\sqrt{2}}\right)$ (キ)

$\left(-2+\sqrt{2},\ \left(6-4\sqrt{2}\right)e^{-2+\sqrt{2}}\right)$ (ア, ケ)

である。

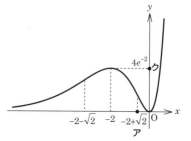

59 の解答

$y = x \log x$

$f(x) = x \log x$ とおく。

$f'(x) = (x \log x)' = (x)' \log x + x (\log x)' = \log x + x \cdot \dfrac{1}{x} = \log x + 1$

$f'(x) = 0$ として　　$\log x = -1$　　∴ $x = e^{-1}$

$f''(x) = (\log x + 1)' = \dfrac{1}{x}$

$f''(x) = 0$ となる点は存在しない。

増減表は次のようになる。

x	0	⋯	e^{-1} $_{ア}$	⋯	∞
y'		$-$ $_{イ}$	0	$+$ $_{ウ}$	
y''		$+$ $_{エ}$	$+$	$+$ $_{オ}$	
y	0	↘	$-e^{-1}$ $_{カ}$	↗	∞

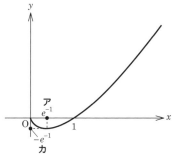

$x = \underset{ア}{e^{-1}}$ のとき極小値 $-\underset{カ}{e^{-1}}$ をとる。変曲点は存在しない。

ロピタルの定理を用いると

$$\lim_{x \to +0} x \log x = \lim_{x \to +0} \frac{\log x}{\dfrac{1}{x}} = \lim_{x \to +0} \frac{\dfrac{1}{x}}{-\dfrac{1}{x^2}} = \lim_{x \to +0} (-x) = 0$$

また $\lim_{x \to \infty} x \log x = \infty$ である。

60の解答

いずれも $\dfrac{0}{0}$ の形の不定形である。

❶ $\displaystyle\lim_{x\to 0}\frac{\sin x}{x}=\lim_{x\to 0}\frac{(\sin x)'}{(x)'}=\lim_{x\to 0}\frac{\cos x}{1}=\mathbf{1}$

❷ $\displaystyle\lim_{x\to 0}\frac{e^x-1}{x}=\lim_{x\to 0}e^x=\mathbf{1}$

❸ $\displaystyle\lim_{x\to 0}\frac{e^x-\cos x}{x}=\lim_{x\to 0}\left(e^x+\sin x\right)=\mathbf{1}$

❹ $\displaystyle\lim_{x\to 0}\frac{e^x-e^{-x}}{\sin x}=\lim_{x\to 0}\frac{e^x+e^{-x}}{\cos x}=\mathbf{2}$

❺ $\displaystyle\lim_{x\to 0}\frac{3^x-2^x}{x}=\lim_{x\to 0}\left(\log 3\cdot 3^x-\log 2\cdot 2^x\right)=\mathbf{\log 3-\log 2}\left(=\mathbf{\log\frac{3}{2}}\right)$

☞ 一般に $a>0,\ b>0$ のとき
$$\lim_{x\to 0}\frac{a^x-b^x}{x}=\log\frac{a}{b}$$

61の解答

いずれも $\dfrac{0}{0}$ の形の不定形である。

❶ $\displaystyle\lim_{x\to 0}\frac{1-\cos x}{x^2}=\lim_{x\to 0}\frac{\sin x}{2x}\underset{(\text{※})}{=}\frac{1}{2}\lim_{x\to 0}\frac{\sin x}{x}=\frac{1}{2}\cdot 1=\mathbf{\frac{1}{2}}$

（※）でさらにロピタルの定理を用いて $\displaystyle\lim_{x\to 0}\frac{\cos x}{2}=\frac{1}{2}$ としてもよい。

❷ $\displaystyle\lim_{x\to 0}\frac{x-\log(1+x)}{x^2}=\lim_{x\to 0}\frac{1-\dfrac{1}{1+x}}{2x}=\lim_{x\to 0}\frac{1}{2(1+x)^2}=\mathbf{\frac{1}{2}}$

❸ $\displaystyle\lim_{x\to 0}\frac{x-\sin x}{x^3}=\lim_{x\to 0}\frac{1-\cos x}{3x^2}=\lim_{x\to 0}\frac{\sin x}{6x}=\frac{1}{6}\lim_{x\to 0}\frac{\sin x}{x}=\mathbf{\frac{1}{6}}$

❹ $\displaystyle\lim_{x\to 0}\frac{x^2-\sin^2 x}{x^4}=\lim_{x\to 0}\frac{2x-2\sin x\cos x}{4x^3}=\lim_{x\to 0}\frac{2x-\sin 2x}{4x^3}$

$\displaystyle\qquad =\lim_{x\to 0}\frac{2-2\cos 2x}{12x^2}=\lim_{x\to 0}\frac{4\sin 2x}{24x}=\lim_{x\to 0}\frac{4\sin 2x}{12\cdot 2x}=\frac{1}{3}\lim_{x\to 0}\frac{\sin 2x}{2x}=\mathbf{\frac{1}{3}}$

62 の解答

いずれも $\dfrac{0}{0}$ の形の不定形である。

❶ $\displaystyle\lim_{x\to1}\frac{\sin\pi x}{x-1}=\lim_{x\to1}\pi\cos\pi x=-\pi$

❷ $\displaystyle\lim_{x\to\frac{\pi}{2}}\left(\tan x-\frac{1}{\cos x}\right)=\lim_{x\to\frac{\pi}{2}}\frac{\sin x-1}{\cos x}=\lim_{x\to\frac{\pi}{2}}\frac{\cos x}{-\sin x}=0$

❸ $\displaystyle\lim_{x\to0}\left(\frac{1}{x}-\frac{1}{\sin x}\right)=\lim_{x\to0}\frac{\sin x-x}{x\sin x}=\lim_{x\to0}\frac{\cos x-1}{\sin x+x\cos x}$

$$=\lim_{x\to0}\frac{-\sin x}{\cos x+\cos x+x\sin x}=0$$

63 の解答

❶ $\displaystyle\lim_{x\to\infty}\frac{x^2}{e^x}=\lim_{x\to\infty}\frac{2x}{e^x}=\lim_{x\to\infty}\frac{2}{e^x}=0$

❷ $\displaystyle\lim_{x\to\infty}\frac{e^x}{x^2}=\lim_{x\to\infty}\frac{e^x}{2x}=\lim_{x\to\infty}\frac{e^x}{2}=\infty$

❸ $\displaystyle\lim_{x\to\infty}\frac{\log x}{x}=\lim_{x\to\infty}\frac{\dfrac{1}{x}}{1}=\lim_{x\to\infty}\frac{1}{x}=0$

> $\displaystyle\lim_{x\to+0}\frac{\log x}{x}=-\infty$ である。これは不定形ではない。

❹ $\displaystyle\lim_{x\to-\infty}xe^x=\lim_{x\to-\infty}\frac{x}{e^{-x}}=\lim_{x\to-\infty}\frac{1}{-e^{-x}}=0$

❺ $\displaystyle\lim_{x\to+0}x\log x=\lim_{x\to+0}\frac{\log x}{\dfrac{1}{x}}=\lim_{x\to+0}\frac{\dfrac{1}{x}}{-\dfrac{1}{x^2}}=\lim_{x\to+0}(-x)=0$

64の解答

① $y = x^4 - 5x^3 + 3x^2 - 5x - 3$

$y' = 4x^3 - 15x^2 + 6x - 5$

$y'' = \mathbf{12x^2 - 30x + 6}$

② $y = (3x + 2)^5$

$y' = 5(3x + 2)^4 \cdot 3 = 15(3x + 2)^4$

$y'' = 15 \cdot 4(3x + 2)^3 \cdot 3 = \mathbf{180(3x + 2)^3}$

③ $y = \sqrt{x} = x^{\frac{1}{2}}$

$y' = \dfrac{1}{2} x^{-\frac{1}{2}} = \dfrac{1}{2\sqrt{x}}$

$y'' = \left(\dfrac{1}{2} x^{-\frac{1}{2}} \right)' = \dfrac{1}{2}\left(-\dfrac{1}{2} \right) x^{-\frac{3}{2}} = -\dfrac{1}{4} x^{-\frac{3}{2}} = \mathbf{-\dfrac{1}{4x\sqrt{x}}}$

④ $y = \log(x^2 + 1)$

$y' = \dfrac{2x}{x^2 + 1}$

$y'' = \left(\dfrac{2x}{x^2 + 1} \right)' = \dfrac{2(x^2 + 1) - 2x \cdot 2x}{(x^2 + 1)^2} = \dfrac{2 - 2x^2}{(x^2 + 1)^2} = \mathbf{\dfrac{2(1 - x^2)}{(x^2 + 1)^2}}$

⑤ $y = \cos^2 x$

$y' = 2\cos x(-\sin x) = -2\sin x \cos x = -\sin 2x$

$y'' = (-\sin 2x)' = -\cos 2x \cdot 2 = \mathbf{-2\cos 2x}\ (= \mathbf{-2(\cos^2 x - \sin^2 x)})$

⑥ $y = \sqrt{1 + 2x} = (1 + 2x)^{\frac{1}{2}}$

$y' = \dfrac{1}{2}(1 + 2x)^{-\frac{1}{2}} \cdot 2 = (1 + 2x)^{-\frac{1}{2}} = \dfrac{1}{\sqrt{1 + 2x}}$

$y'' = \left\{ (1 + 2x)^{-\frac{1}{2}} \right\}' = -\dfrac{1}{2}(1 + 2x)^{-\frac{3}{2}} \cdot 2 = \mathbf{-\dfrac{1}{(1 + 2x)\sqrt{1 + 2x}}}$

① $y = \cos x$

$y' = -\sin x, \quad y'' = -\cos x, \quad y''' = \sin x$

② $y = \log |x|$

$y' = \dfrac{1}{x}, \quad y'' = -\dfrac{1}{x^2}, \quad y''' = \dfrac{2}{x^3}$

③ $y = e^{x^2}$

$y' = \left(e^{x^2}\right)' = e^{x^2} \cdot 2x = 2xe^{x^2}$

$y'' = \left(2xe^{x^2}\right)' = 2\left\{(x)' e^{x^2} + x\left(e^{x^2}\right)'\right\} = 2\left(e^{x^2} + x \cdot 2xe^{x^2}\right) = 2\left(1 + 2x^2\right)e^{x^2}$

$y''' = \left\{2\left(1+2x^2\right)e^{x^2}\right\}' = 2\left\{\left(1+2x^2\right)' e^{x^2} + \left(1+2x^2\right)\left(e^{x^2}\right)'\right\}$

$\quad = 2\left\{4xe^{x^2} + \left(1+2x^2\right)\cdot 2xe^{x^2}\right\} = 2\left\{4 + 2\left(1+2x^2\right)\right\}xe^{x^2} = 4\left(2x^2+3\right)xe^{x^2}$

④ $y = \sin 2x$

$y' = \cos 2x \cdot 2 = 2\cos 2x$

$y'' = -2\sin 2x \cdot 2 = -4\sin 2x$

$y''' = -4\cos 2x \cdot 2 = -8\cos 2x$

⑤ $y = \tan x$

$y' = \dfrac{1}{\cos^2 x}, \quad y'' = \left(\dfrac{1}{\cos^2 x}\right)' = \dfrac{-2\cos x\left(-\sin x\right)}{\cos^4 x} = \dfrac{2\sin x}{\cos^3 x}$

$y''' = \left(\dfrac{2\sin x}{\cos^3 x}\right)' = \dfrac{2\cos x \cdot \cos^3 x - 2\sin x \cdot 3\cos^2 x\left(-\sin x\right)}{\cos^6 x}$

$\quad = \dfrac{2\cos^2 x + 6\sin^2 x}{\cos^4 x} = \dfrac{2\left(3 - 2\cos^2 x\right)}{\cos^4 x}$

66 の解答

① $y = x^n$ （n は自然数）

$y' = nx^{n-1}, \quad y'' = n(n-1)x^{n-2}, \quad y''' = n(n-1)(n-2)x^{n-3}, \quad \cdots$

$y^{(k)} = n(n-1)(n-2)\cdots(n-k+1)x^{n-k} \quad (k \leq n-1)$

$y^{(n)} = n(n-1)(n-2)\cdots 3 \cdot 2 \cdot 1 = n!, \quad y^{(k)} = 0 \quad (k > n)$

② $y = \dfrac{1}{1-x} = (1-x)^{-1}$

$y' = -(1-x)^{-2}(-1) = (1-x)^{-2}, \quad y'' = -2(1-x)^{-3}(-1) = 2(1-x)^{-3}$

$y''' = 2(-3)(1-x)^{-4}(-1) = 2 \cdot 3(1-x)^{-4}$

$y^{(4)} = 2 \cdot 3(-4)(1-x)^{-5}(-1) = 2 \cdot 3 \cdot 4(1-x)^{-5}, \quad \cdots$

$y^{(n)}(x) = n!(1-x)^{-n-1}$

③ $y = \dfrac{1}{1+x} = (1+x)^{-1}$

$y' = -(1+x)^{-2}, \quad y'' = -(-2)(1+x)^{-3} = (-1)^2 \cdot 2(1+x)^{-3}$

$y''' = -(-2)(-3)(1+x)^{-4} = (-1)^3 \cdot 2 \cdot 3(1+x)^{-4}$

$y^{(4)} = -(-2)(-3)(-4)(1+x)^{-5} = (-1)^4 \cdot 2 \cdot 3 \cdot 4(1+x)^{-5}, \quad \cdots$

$y^{(n)} = (-1)^n n!(1+x)^{-n-1}$

④ $y = \sin x$

$y' = \cos x = \sin\left(x + \dfrac{\pi}{2}\right), \quad y'' = \cos\left(x + \dfrac{\pi}{2}\right) = \sin\left(x + 2 \cdot \dfrac{\pi}{2}\right)$

$y''' = \cos(x + \pi) = \sin\left(x + 3 \cdot \dfrac{\pi}{2}\right), \quad \cdots$ より $\sin x$ は微分するごとに, x に $\dfrac{\pi}{2}$ を加えればよいから

$y^{(n)} = \sin\left(x + \dfrac{n\pi}{2}\right)$

⑤ $y = 2^x$

$y' = 2^x \log 2, \quad y'' = 2^x(\log 2)^2, \quad y''' = 2^x(\log 2)^3, \quad \cdots$

$y^{(n)} = 2^x(\log 2)^n$

70

67 の解答

① $y = x^{\alpha}$ （α：実数）

$y' = \alpha x^{\alpha-1}$,　$y'' = \alpha(\alpha-1)x^{\alpha-2}$,　$y''' = \alpha(\alpha-1)(\alpha-2)x^{\alpha-3}$,　$\cdots$

$$y^{(n)} = \alpha(\alpha-1)(\alpha-2)\cdots(\alpha-n+1)x^{\alpha-n}$$

② $y = \dfrac{1}{1-2x} = (1-2x)^{-1} = -(2x-1)^{-1}$

$y' = -(-1)(2x-1)^{-2}\cdot 2$

$y'' = -(-1)(-2)(2x-1)^{-3}\cdot 2^2$

$y''' = -(-1)(-2)(-3)(2x-1)^{-4}\cdot 2^3$

　$\vdots$

$$y^{(n)} = (-1)^{n+1}2^n\cdot n!(2x-1)^{-(n+1)}$$

③ $y = \cos x$

$y' = -\sin x = \cos\left(x+\dfrac{\pi}{2}\right)$

$y'' = -\sin\left(x+\dfrac{\pi}{2}\right) = \cos\left(x+2\cdot\dfrac{\pi}{2}\right)$

$y''' = -\sin(x+\pi) = \cos\left(x+3\cdot\dfrac{\pi}{2}\right)$,　$\cdots$

$$y^{(n)} = \cos\left(x+\dfrac{n\pi}{2}\right)$$

④ $y = \log x$

$y' = \dfrac{1}{x} = x^{-1}$,　$y'' = -x^{-2}$,　$y''' = -(-2)x^{-3}$,　$y^{(4)} = -(-2)(-3)x^{-4}$,　$\cdots$,

$$y^{(n)} = (-1)^{n-1}(n-1)!x^{-n}$$

⑤ $y = e^{2x}$

$y' = 2e^{2x}$,　$y'' = 2^2e^{2x}$,　$y''' = 2^3e^{2x}$,　$\cdots$,　$y^{(n)} = 2^n e^{2x}$

62 $\S$ 70

68 の解答

$f(x) = \sin x$

❶ $f'(x) = \cos x, \quad f''(x) = -\sin x, \quad f'''(x) = -\cos x,$
$f^{(4)}(x) = \sin x, \quad f^{(5)}(x) = \cos x$

❷ $f(0) = \sin 0 = 0, \quad f'(0) = \cos 0 = 1, \quad f''(0) = -\sin 0 = 0,$
$f'''(0) = -\cos 0 = -1, \quad f^{(4)}(0) = \sin 0 = 0, \quad f^{(5)}(0) = \cos 0 = 1$

❸ $P_1(x) = f(0) + f'(0)x = 0 + 1x = x$

$P_2(x) = f(0) + f'(0)x + \dfrac{f''(0)}{2!}x^2 + \dfrac{f'''(0)}{3!}x^3$

$\qquad = 0 + 1x + \dfrac{0}{2}x^2 + \dfrac{-1}{6}x^3 = x - \dfrac{1}{6}x^3$

$P_3(x) = f(0) + f'(0)x + \dfrac{f''(0)}{2!}x^2 + \dfrac{f'''(0)}{3!}x^3 + \dfrac{f^{(4)}(0)}{4!}x^4 + \dfrac{f^{(5)}(0)}{5!}x^5$

$\qquad = x - \dfrac{1}{6}x^3 + \dfrac{1}{120}x^5$

❹ $P_1(x) : y = x$ より **(b)**

$P_2(x) : y = x - \dfrac{1}{6}x^3$ より **(c)**

$P_3(x) : y = x - \dfrac{1}{6}x^3 + \dfrac{1}{120}x^5$ より **(a)**

69 の解答

$f(x) = \cos x$

❶ $f'(x) = -\sin x, \quad f''(x) = -\cos x, \quad f'''(x) = \sin x,$

$f^{(4)}(x) = \cos x, \quad f^{(5)}(x) = -\sin x, \quad f^{(6)}(x) = -\cos x$

❷ $f(0) = \cos 0 = 1, \quad f'(0) = -\sin 0 = 0, \quad f''(0) = -\cos 0 = -1,$

$f'''(0) = \sin 0 = 0, \quad f^{(4)}(0) = \cos 0 = 1, \quad f^{(5)}(0) = -\sin 0 = 0,$

$f^{(6)}(0) = -\cos 0 = -1$

❸ $P_1(x) = f(0) + f'(0)x + \dfrac{f''(0)}{2!}x^2 = 1 + 0x + \dfrac{-1}{2}x^2 = 1 - \dfrac{1}{2}x^2$

$P_2(x) = f(0) + f'(0)x + \dfrac{f''(0)}{2!}x^2 + \dfrac{f'''(0)}{3!}x^3 + \dfrac{f^{(4)}(0)}{4!}x^4 = 1 - \dfrac{1}{2}x^2 + \dfrac{1}{24}x^4$

$P_3(x) = f(0) + f'(0)x + \dfrac{f''(0)}{2!}x^2 + \dfrac{f'''(0)}{3!}x^3 + \dfrac{f^{(4)}(0)}{4!}x^4 + \dfrac{f^{(5)}(0)}{5!}x^5 + \dfrac{f^{(6)}(0)}{6!}x^6$

$\qquad = 1 - \dfrac{1}{2}x^2 + \dfrac{1}{24}x^4 - \dfrac{1}{720}x^6$

❹ $P_1(x) : y = 1 - \dfrac{1}{2}x^2$ より **(b)**

$P_2(x) : y = 1 - \dfrac{1}{2}x^2 + \dfrac{1}{24}x^4$ より **(a)**

$P_3(x) : y = 1 - \dfrac{1}{2}x^2 + \dfrac{1}{24}x^4 - \dfrac{1}{720}x^6$ より **(c)**

70 の解答

$f(x) = \sin x$

❶ $f'(x) = \cos x,\quad f''(x) = -\sin x$

❷ $f\left(\dfrac{\pi}{2}\right) = \sin\dfrac{\pi}{2} = 1,\quad f'\left(\dfrac{\pi}{2}\right) = \cos\dfrac{\pi}{2} = 0,\quad f''\left(\dfrac{\pi}{2}\right) = -\sin\dfrac{\pi}{2} = -1,$

$f\left(-\dfrac{\pi}{2}\right) = \sin\left(-\dfrac{\pi}{2}\right) = -1,\quad f'\left(-\dfrac{\pi}{2}\right) = \cos\left(-\dfrac{\pi}{2}\right) = 0,\quad f''\left(-\dfrac{\pi}{2}\right) = -\sin\left(-\dfrac{\pi}{2}\right) = 1$

❸ $P(x) = f\left(\dfrac{\pi}{2}\right) + f'\left(\dfrac{\pi}{2}\right)\left(x - \dfrac{\pi}{2}\right) + \dfrac{f''\left(\dfrac{\pi}{2}\right)}{2!}\left(x - \dfrac{\pi}{2}\right)^2$

$= 1 + 0\left(x - \dfrac{\pi}{2}\right) + \dfrac{-1}{2}\left(x - \dfrac{\pi}{2}\right)^2 = 1 - \dfrac{1}{2}\left(x - \dfrac{\pi}{2}\right)^2$

$Q(x) = f\left(-\dfrac{\pi}{2}\right) + f'\left(-\dfrac{\pi}{2}\right)\left(x + \dfrac{\pi}{2}\right) + \dfrac{f''\left(-\dfrac{\pi}{2}\right)}{2!}\left(x + \dfrac{\pi}{2}\right)^2$

$= -1 + 0\left(x + \dfrac{\pi}{2}\right) + \dfrac{1}{2}\left(x + \dfrac{\pi}{2}\right)^2 = -1 + \dfrac{1}{2}\left(x + \dfrac{\pi}{2}\right)^2$

❹ $P(x) : y = 1 - \dfrac{1}{2}\left(x - \dfrac{\pi}{2}\right)^2$ より **A**

$Q(x) : y = -1 + \dfrac{1}{2}\left(x + \dfrac{\pi}{2}\right)^2$ より **B**

71 の解答

$f(x) = \sin x$

$f'(x) = \cos x, \quad f''(x) = -\sin x, \quad f'''(x) = -\cos x$

$f\left(\dfrac{\pi}{6}\right) = \sin \dfrac{\pi}{6} = \dfrac{1}{2}, \quad f'\left(\dfrac{\pi}{6}\right) = \cos \dfrac{\pi}{6} = \dfrac{\sqrt{3}}{2}, \quad f''\left(\dfrac{\pi}{6}\right) = -\sin \dfrac{\pi}{6} = -\dfrac{1}{2},$

$f'''\left(\dfrac{\pi}{6}\right) = -\cos \dfrac{\pi}{6} = -\dfrac{\sqrt{3}}{2}$

$P(x) = f\left(\dfrac{\pi}{6}\right) + f'\left(\dfrac{\pi}{6}\right)\left(x - \dfrac{\pi}{6}\right) + \dfrac{f''\left(\dfrac{\pi}{6}\right)}{2!}\left(x - \dfrac{\pi}{6}\right)^2 + \dfrac{f'''\left(\dfrac{\pi}{6}\right)}{3!}\left(x - \dfrac{\pi}{6}\right)^3$

$\quad = \dfrac{1}{2} + \dfrac{\sqrt{3}}{2}\left(x - \dfrac{\pi}{6}\right) + \dfrac{-\dfrac{1}{2}}{2}\left(x - \dfrac{\pi}{6}\right)^2 + \dfrac{-\dfrac{\sqrt{3}}{2}}{6}\left(x - \dfrac{\pi}{6}\right)^3$

$\quad = \dfrac{1}{2} + \dfrac{\sqrt{3}}{2}\left(x - \dfrac{\pi}{6}\right) - \dfrac{1}{4}\left(x - \dfrac{\pi}{6}\right)^2 - \dfrac{\sqrt{3}}{12}\left(x - \dfrac{\pi}{6}\right)^3$

72 の解答

$f(x) = \tan x$

❶ $f'(x) = \dfrac{1}{\cos^2 x}, \quad f''(x) = \dfrac{-(\cos^2 x)'}{\cos^4 x} = \dfrac{-2\cos x(-\sin x)}{\cos^4 x} = \dfrac{2\sin x}{\cos^3 x},$

$f'''(x) = \dfrac{(2\sin x)' \cos^3 x - 2\sin x(\cos^3 x)'}{\cos^6 x}$

$\quad = \dfrac{2\cos^4 x + 6\sin^2 x \cos^2 x}{\cos^6 x} = \dfrac{2\cos^2 x + 6\sin^2 x}{\cos^4 x}$

❷ $f(0) = \tan 0 = 0, \quad f'(0) = \dfrac{1}{\cos^2 0} = 1, \quad f''(0) = \dfrac{2\sin 0}{\cos^3 0} = 0,$

$f'''(0) = \dfrac{2\cos^2 0 + 6\sin^2 0}{\cos^4 0} = 2$

❸ $P(x) = f(0) + f'(0)x + \dfrac{f''(0)}{2!}x^2 + \dfrac{f'''(0)}{3!}x^3$

$\quad = 0 + 1x + \dfrac{0}{2}x^2 + \dfrac{2}{6}x^3 = x + \dfrac{1}{3}x^3$

73 の解答

$f(x) = e^x$

① $f'(x) = f''(x) = \cdots = f^{(5)}(x) = e^x$

② $f(0) = f'(0) = \cdots = f^{(5)}(0) = e^0 = 1$

③ $P(x) = f(0) + f'(0)x + \dfrac{f''(0)}{2!}x^2 + \dfrac{f'''(0)}{3!}x^3 + \dfrac{f^{(4)}(0)}{4!}x^4 + \dfrac{f^{(5)}(0)}{5!}x^5$

$= 1 + x + \dfrac{1}{2!}x^2 + \dfrac{1}{3!}x^3 + \dfrac{1}{4!}x^4 + \dfrac{1}{5!}x^5$

$\left(= 1 + x + \dfrac{1}{2}x^2 + \dfrac{1}{6}x^3 + \dfrac{1}{24}x^4 + \dfrac{1}{120}x^5 \right)$

④ $P(1) = 1 + 1 + \dfrac{1}{2} + \dfrac{1}{6} + \dfrac{1}{24} + \dfrac{1}{120}$

$= 1 + 1 + 0.5 + 0.1666 + 0.0416 + 0.0083 = \mathbf{2.7165}$

より $\quad e \fallingdotseq 2.717$

☞ $e = 2.71828\cdots$ であることが知られている。

74 の解答

$f(x) = \log(1+x)$

❶ $f'(x) = \dfrac{1}{1+x}, \quad f''(x) = -\dfrac{1}{(1+x)^2}, \quad f'''(x) = \dfrac{2}{(1+x)^3},$

$f^{(4)}(x) = -\dfrac{6}{(1+x)^4}, \quad f^{(5)}(x) = \dfrac{24}{(1+x)^5}$

または

$f'''(x) = \dfrac{2!}{(1+x)^3}, \quad f^{(4)}(x) = -\dfrac{3!}{(1+x)^4}, \quad f^{(5)}(x) = \dfrac{4!}{(1+x)^5}$ と書いてよい。

❷ $f(0) = \log 1 = 0, \quad f'(0) = 1, \quad f''(0) = -1, \quad f'''(0) = 2,$

$f^{(4)}(0) = -6, \quad f^{(5)}(0) = 24$

または

$f'''(0) = 2!, \quad f^{(4)}(0) = -3!, \quad f^{(5)}(0) = 4!$ と書いてよい。

❸ $P(x) = f(0) + f'(0)x + \dfrac{f''(0)}{2!}x^2 + \dfrac{f'''(0)}{3!}x^3 + \dfrac{f^{(4)}(0)}{4!}x^4 + \dfrac{f^{(5)}(0)}{5!}x^5$

$= 0 + 1x + \dfrac{-1}{2}x^2 + \dfrac{2}{6}x^3 + \dfrac{-6}{24}x^4 + \dfrac{24}{120}x^5$

$= x - \dfrac{1}{2}x^2 + \dfrac{1}{3}x^3 - \dfrac{1}{4}x^4 + \dfrac{1}{5}x^5$

または

$P(x) = 0 + 1x + \dfrac{-1}{2!}x^2 + \dfrac{2!}{3!}x^3 + \dfrac{-3!}{4!}x^4 + \dfrac{4!}{5!}x^5$

$= x - \dfrac{1}{2}x^2 + \dfrac{2!}{3 \cdot 2!}x^3 + \dfrac{-3!}{4 \cdot 3!}x^4 + \dfrac{4!}{5 \cdot 4!}x^5$

75 の解答

$$f(x) = \frac{1}{1-x}$$

❶ $f'(x) = \dfrac{1}{(1-x)^2}, \quad f''(x) = \dfrac{2!}{(1-x)^3}, \quad f'''(x) = \dfrac{3!}{(1-x)^4},$

$f^{(4)}(x) = \dfrac{4!}{(1-x)^5}, \quad f^{(5)}(x) = \dfrac{5!}{(1-x)^6}$

❷ $f(0) = 1, \quad f'(0) = 1, \quad f''(0) = 2!, \quad f'''(0) = 3!, \quad f^{(4)}(0) = 4!,$

$f^{(5)}(0) = 5!$

❸ $P(x) = f(0) + f'(0)x + \dfrac{f''(0)}{2!}x^2 + \dfrac{f'''(0)}{3!}x^3 + \dfrac{f^{(4)}(0)}{4!}x^4 + \dfrac{f^{(5)}(0)}{5!}x^5$

$= 1 + 1x + \dfrac{2!}{2!}x^2 + \dfrac{3!}{3!}x^3 + \dfrac{4!}{4!}x^4 + \dfrac{5!}{5!}x^5 = 1 + x + x^2 + x^3 + x^4 + x^5$

76 の解答

$$f(x) = \frac{1}{1+x}$$

❶ $f'(x) = -\dfrac{1}{(1+x)^2}, \quad f''(x) = \dfrac{2!}{(1+x)^3}, \quad f'''(x) = -\dfrac{3!}{(1+x)^4},$

$f^{(4)}(x) = \dfrac{4!}{(1+x)^5}, \quad f^{(5)}(x) = -\dfrac{5!}{(1+x)^6}$

❷ $f(0) = 1, \quad f'(0) = -1, \quad f''(0) = 2!, \quad f'''(0) = -3!, \quad f^{(4)}(0) = 4!$

$f^{(5)}(0) = -5!$

❸ $P(x) = f(0) + f'(0)x + \dfrac{f''(0)}{2!}x^2 + \dfrac{f'''(0)}{3!}x^3 + \dfrac{f^{(4)}(0)}{4!}x^4 + \dfrac{f^{(5)}(0)}{5!}x^5$

$= 1 - 1x + \dfrac{2!}{2!}x^2 + \dfrac{-3!}{3!}x^3 + \dfrac{4!}{4!}x^4 + \dfrac{-5!}{5!}x^5 = 1 - x + x^2 - x^3 + x^4 - x^5$

77 の解答

$$f(x) = \frac{1}{2+x}$$

❶ $f'(x) = -\dfrac{1}{(2+x)^2}$, $f''(x) = \dfrac{2!}{(2+x)^3}$, $f'''(x) = -\dfrac{3!}{(2+x)^4}$,

$f^{(4)}(x) = \dfrac{4!}{(2+x)^5}$, $f^{(5)}(x) = -\dfrac{5!}{(2+x)^6}$

❷ $f(0) = \dfrac{1}{2}$, $f'(0) = -\dfrac{1}{2^2} = -\dfrac{1}{4}$, $f''(0) = \dfrac{2!}{2^3} \left(= \dfrac{1}{4}\right)$, $f'''(0) = -\dfrac{3!}{2^4} \left(= -\dfrac{3}{8}\right)$

$f^{(4)}(0) = \dfrac{4!}{2^5} \left(= \dfrac{3}{4}\right)$, $f^{(5)}(0) = -\dfrac{5!}{2^6} \left(= -\dfrac{15}{8}\right)$

❸ $P(x) = f(0) + f'(0)x + \dfrac{f''(0)}{2!}x^2 + \dfrac{f'''(0)}{3!}x^3 + \dfrac{f^{(4)}(0)}{4!}x^4 + \dfrac{f^{(5)}(0)}{5!}x^5$

$= \dfrac{1}{2} - \dfrac{1}{2^2}x + \dfrac{1}{2!} \cdot \dfrac{2!}{2^3}x^2 + \dfrac{1}{3!}\left(-\dfrac{3!}{2^4}\right) \cdot x^3 + \dfrac{1}{4!} \cdot \dfrac{4!}{2^5}x^4 + \dfrac{1}{5!}\left(-\dfrac{5!}{2^6}\right) \cdot x^5$

$= \dfrac{1}{2} - \dfrac{1}{2^2}x + \dfrac{1}{2^3}x^2 - \dfrac{1}{2^4}x^3 + \dfrac{1}{2^5}x^4 - \dfrac{1}{2^6}x^5$

$\left(= \dfrac{1}{2} - \dfrac{1}{4}x + \dfrac{1}{8}x^2 - \dfrac{1}{16}x^3 + \dfrac{1}{32}x^4 - \dfrac{1}{64}x^5 \right)$

☞ $\dfrac{1}{2+x} = \dfrac{1}{2\left(1 + \dfrac{1}{2}x\right)} = \dfrac{1}{2} \cdot \dfrac{1}{1 + \dfrac{1}{2}x}$ と変形すれば 76 ❸ で $x \to \dfrac{1}{2}x$ として

$\dfrac{1}{2+x} = \dfrac{1}{2}\left\{ 1 + \left(-\dfrac{1}{2}x\right) + \left(-\dfrac{1}{2}x\right)^2 + \left(-\dfrac{1}{2}x\right)^3 + \left(-\dfrac{1}{2}x\right)^4 + \left(-\dfrac{1}{2}x\right)^5 + \cdots \right\}$

$= \dfrac{1}{2}\left(1 - \dfrac{1}{2}x + \dfrac{1}{4}x^2 - \dfrac{1}{8}x^3 + \dfrac{1}{16}x^4 - \dfrac{1}{32}x^5 + \cdots \right)$

$= \dfrac{1}{2} - \dfrac{1}{4}x + \dfrac{1}{8}x^2 - \dfrac{1}{16}x^3 + \dfrac{1}{32}x^4 - \dfrac{1}{64}x^5 + \cdots$

71 ∫ 81

78 の解答

$$f(x) = \frac{1}{2+x}$$

❶ $f'(x) = -\frac{1}{(2+x)^2}, \quad f''(x) = \frac{2!}{(2+x)^3}, \quad f'''(x) = -\frac{3!}{(2+x)^4}$

❷ $f(1) = \frac{1}{3}, \quad f'(1) = -\frac{1}{3^2} = -\frac{1}{9}, \quad f''(1) = \frac{2!}{3^3} = \frac{2!}{27}, \quad f'''(1) = -\frac{3!}{3^4} = -\frac{3!}{81}$

❸ $P(x) = f(1) + f'(1)(x-1) + \frac{f''(1)}{2!}(x-1)^2 + \frac{f'''(1)}{3!}(x-1)^3$

$$= \frac{1}{3} - \frac{1}{9}(x-1) + \frac{1}{2!} \cdot \frac{2!}{27}(x-1)^2 + \frac{1}{3!}\left(-\frac{3!}{81}\right)(x-1)^3$$

$$= \frac{1}{3} - \frac{1}{9}(x-1) + \frac{1}{27}(x-1)^2 - \frac{1}{81}(x-1)^3$$

79 の解答

$$\frac{1}{2+x} = \frac{1}{3+(x-1)} = \frac{1}{3} \cdot \frac{1}{1+\frac{x-1}{3}} \quad \text{と変形して}$$

$$\frac{1}{1-t} \fallingdotseq 1 + t + t^2 + t^3 \text{ に } t = -\frac{x-1}{3} \text{ を代入すると}$$

$$\frac{1}{1+\frac{x-1}{3}} \fallingdotseq 1 - \frac{x-1}{3} + \frac{(x-1)^2}{3^2} - \frac{(x-1)^3}{3^3} \quad \text{より}$$

$$\frac{1}{2+x} = \frac{1}{3}\left\{ 1 - \frac{x-1}{3} + \frac{(x-1)^2}{3^2} - \frac{(x-1)^3}{3^3} \right\}$$

$$= \frac{1}{3} - \frac{x-1}{3^2} + \frac{(x-1)^2}{3^3} - \frac{(x-1)^3}{3^4}$$

$$= \frac{1}{3} - \frac{x-1}{9} + \frac{(x-1)^2}{27} - \frac{(x-1)^3}{81}$$

80 の解答

① $y = x^2 e^x$

$f(x) = e^x$, $g(x) = x^2$ とおく。(以後, f, g と略記する)

$f^{(k)} = e^x$ $(k = 1, 2, \cdots)$

$g' = 2x$, $g'' = 2$, $g''' = g^{(4)} = \cdots = 0$ より

ライプニッツの公式より

$$y^{(n)} = (fg)^{(n)} = {}_nC_0 f^{(n)} g^{(0)} + {}_nC_1 f^{(n-1)} g' + {}_nC_2 f^{(n-2)} g''$$
$$= e^x x^2 + n e^x \cdot 2x + \frac{n(n-1)}{2} \cdot e^x \cdot 2 = \left\{ x^2 + 2nx + n(n-1) \right\} e^x$$

② $y = x \sin x$

$f(x) = \sin x$, $g(x) = x$ とおく。

$f^{(n)}(x) = \sin\left(x + \frac{n\pi}{2} \right)$, $g' = 1$, $g'' = g''' = \cdots = 0$ より

$$y^{(n)} = (x \sin x)^{(n)} = {}_nC_0 f^{(n)} g^{(0)} + {}_nC_1 f^{(n-1)} g'$$
$$= \sin\left(x + \frac{n\pi}{2} \right) \cdot x + n \cdot \sin\left(x + \frac{(n-1)\pi}{2} \right)$$
$$= x \sin\left(x + \frac{n\pi}{2} \right) + n \sin\left(x + \frac{(n-1)\pi}{2} \right)$$

③ $y = x^2 \log|x|$ $(n \geq 3)$

$f(x) = \log|x|$, $g(x) = x^2$ とおく。

$f' = \frac{1}{x}$, $f'' = -\frac{1}{x^2}$, $\cdots$, $f^{(n)} = (-1)^{n-1}(n-1)! x^{-n}$, $g' = 2x$, $g'' = 2$, $g''' = \cdots = 0$ より

$$y^{(n)} = \left(x^2 \log|x| \right)^{(n)} = {}_nC_0 f^{(n)} g^{(0)} + {}_nC_1 f^{(n-1)} g' + {}_nC_2 f^{(n-2)} g''$$
$$= (-1)^{n-1}(n-1)! x^{-n} \cdot x^2 + n(-1)^{n-2}(n-2)! x^{-n+1} \cdot 2x$$
$$+ \frac{n(n-1)}{2}(-1)^{n-3}(n-3)! x^{-n+2} \cdot 2$$
$$= (-1)^{n-1}(n-1)! x^{-n+2} + 2n(-1)^{n-2}(n-2)! x^{-n+2}$$
$$+ n(n-1)(-1)^{n-3}(n-3)! x^{-n+2}$$
$$= \left\{ (-1)^{n-1}(n-1)! + 2n(-1)^{n-2}(n-2)! + n(n-1)(-1)^{n-3}(n-3)! \right\} x^{-n+2}$$
$$= (-1)^{n-1}(n-3)! \left\{ (n-1)(n-2) + 2n(-1)(n-2) + n(n-1) \right\} x^{-n+2}$$
$$= \frac{(-1)^{n-1} \cdot 2(n-3)!}{x^{n-2}}$$

81の解答

1 $y = x^3 e^x$

$f(x) = e^x, \quad g(x) = x^3 \quad$ とおく。

$f^{(k)} = e^x \quad (k = 1, 2, \cdots)$

$g' = 3x^2, \quad g'' = 6x, \quad g''' = 6, \quad g^{(4)} = g^{(5)} = \cdots = 0 \quad$ より

$$y^{(n)} = \left(x^3 e^x\right)^{(n)} = {}_nC_0 f^{(n)} g^{(0)} + {}_nC_1 f^{(n-1)} g' + {}_nC_2 f^{(n-2)} g'' + {}_nC_3 f^{(n-3)} g'''$$

$$= e^x x^3 + n e^x \cdot 3x^2 + \frac{n(n-1)}{2} e^x \cdot 6x + \frac{n(n-1)(n-2)}{6} e^x \cdot 6$$

$$= \left\{ x^3 + 3nx^2 + 3n(n-1)x + n(n-1)(n-2) \right\} e^x$$

2 $y = x^3 \sin x$

$f(x) = \sin x, \quad g(x) = x^3 \quad$ とおく。

$f^{(n)} = \sin\left(x + \dfrac{n\pi}{2}\right)$

$g' = 3x^2, \quad g'' = 6x, \quad g''' = 6, \quad g^{(4)} = g^{(5)} = \cdots = 0 \quad$ より

$$y^{(n)} = \left(x^3 \sin x\right)^{(n)} = {}_nC_0 f^{(n)} g^{(0)} + {}_nC_1 f^{(n-1)} g' + {}_nC_2 f^{(n-2)} g'' + {}_nC_3 f^{(n-3)} g'''$$

$$= \sin\left(x + n \cdot \frac{\pi}{2}\right) \cdot x^3 + n \sin\left(x + (n-1) \cdot \frac{\pi}{2}\right) \cdot 3x^2$$

$$+ \frac{n(n-1)}{2} \sin\left(x + (n-2) \cdot \frac{\pi}{2}\right) \cdot 6x + \frac{n(n-1)(n-2)}{6} \sin\left(x + (n-3) \cdot \frac{\pi}{2}\right) \cdot 6$$

$$= x^3 \sin\left(x + \frac{n\pi}{2}\right) + 3nx^2 \sin\left(x + \frac{(n-1)\pi}{2}\right)$$

$$+ 3n(n-1)x \sin\left(x + \frac{(n-2)\pi}{2}\right) + n(n-1)(n-2)\sin\left(x + \frac{(n-3)\pi}{2}\right)$$

3 $y = x^3 a^x$

$f(x) = a^x, \quad g(x) = x^3 \quad$ とおく。

$f' = a^x \log a, \quad f'' = a^x (\log a)^2, \quad f''' = a^x (\log a)^3, \quad \cdots, \quad f^{(n)} = a^x (\log a)^n$

$g' = 3x^2, \quad g'' = 6x, \quad g''' = 6, \quad g^{(4)} = g^{(5)} = \cdots = 0 \quad$ より

$$y^{(n)} = \left(x^3 a^x\right)^{(n)} = {}_nC_0 f^{(n)} g^{(0)} + {}_nC_1 f^{(n-1)} g' + {}_nC_2 f^{(n-2)} g'' + {}_nC_3 f^{(n-3)} g'''$$

$$= a^x (\log a)^n \cdot x^3 + n a^x (\log a)^{n-1} \cdot 3x^2$$

$$+ \frac{n(n-1)}{2} a^x (\log a)^{n-2} \cdot 6x + \frac{n(n-1)(n-2)}{6} a^x (\log a)^{n-3} \cdot 6$$

$$= a^x (\log a)^n \cdot x^3 + 3na^x (\log a)^{n-1} \cdot x^2$$
$$+ 3n(n-1) \cdot xa^x (\log a)^{n-2} + n(n-1)(n-2) \cdot a^x (\log a)^{n-3}$$
$$= a^x (\log a)^{n-3} \{ x^3 (\log a)^3 + 3nx^2 (\log a)^2$$
$$+ 3n(n-1) \cdot x \log a + n(n-1)(n-2) \}$$

【著者紹介】

丸井洋子（まるい　ようこ）　　博士（理学）

　　学　歴　大阪大学大学院理学研究科博士後期課程修了（2004）
　　職　歴　大阪工業大学（2004 〜）
　　　　　　東洋食品工業短期大学（2005 〜）
　　　　　　産業技術短期大学（2011 〜）
　　　　　　大阪大学（2021 〜 2022）

【大学数学基礎力養成】
微分の問題集　新装版

2017年10月20日　　第 1 版 1 刷発行　　　　　ISBN 978-4-501-63450-6 C3041
2023年10月20日　　第 2 版 1 刷発行

著　者　丸井洋子
　　　　© Marui Yoko 2017, 2023

発行所　学校法人 東京電機大学　　〒120-8551 東京都足立区千住旭町 5 番
　　　　東京電機大学出版局　　　Tel. 03-5284-5386（営業）03-5284-5385（編集）
　　　　　　　　　　　　　　　　Fax. 03-5284-5387 振替口座 00160-5-71715
　　　　　　　　　　　　　　　　https://www.tdupress.jp/

印刷：新灯印刷(株)　　製本：渡辺製本(株)
装丁：福田和夫（FUKUDA DESIGN）
落丁・乱丁本はお取り替えいたします。　　　　　　　　　　Printed in Japan